学生最喜爱的科普书

YUESHENGZUILAIDEKEPUSHU

U0652657

认识我们
未来的能源

姜延峰◎编著

在未知领域　我们努力探索
在已知领域　我们重新发现

延边大学出版社

图书在版编目（CIP）数据

认识我们未来的能源 / 姜延峰编著 .—延吉：

延边大学出版社，2012.4（2021.1 重印）

ISBN 978-7-5634-4622-3

Ⅰ.①认… Ⅱ.①姜… Ⅲ.①新能源—青年读物

②新能源—少年读物 Ⅳ.① TK01-49

中国版本图书馆 CIP 数据核字 (2012) 第 051751 号

认识我们未来的能源

————————————————————————————

编　　　著：姜延峰
责 任 编 辑：林景浩
封 面 设 计：映象视觉
出 版 发 行：延边大学出版社
社　　　址：吉林省延吉市公园路 977 号　　邮编：133002
网　　　址：http://www.ydcbs.com　　E-mail：ydcbs@ydcbs.com
电　　　话：0433-2732435　　传真：0433-2732434
发行部电话：0433-2732442　　传真：0433-2733056
印　　　刷：唐山新苑印务有限公司
开　　　本：16K　690×960 毫米
印　　　张：10 印张
字　　　数：120 千字
版　　　次：2012 年 4 月第 1 版
印　　　次：2021 年 1 月第 3 次印刷
书　　　号：ISBN 978-7-5634-4622-3

————————————————————————————

定　　　价：29.80 元

　　能源是一种呈多种形式的，且可以相互转换的能量的源泉，是我们人类赖以生存的基础。能源是自然界中能为人类提供某种形式能量的物质资源。然而在这个飞速发展的时代，能源消耗也随着人类的需求而变得越来越大。有关能源的问题已经不得不一次次地被搬上桌面来进行讨论和研究。

　　为了尽量缓解世界能源供应紧张的矛盾，各国科学家都在努力进行研究，并积极寻找一切有可能被利用的新能源。有些科学家认为，在未来的人类生活中人类赖以生存的不可再生能源已经为数不多，所以，只有积极地寻找和开发出更多可以再生的绿色能源，比如太阳中潜在的能量，或者海洋中存在的波浪能、温差能、可燃冰等，以及风能、生物能源等，才能够缓解人类目前所面临的能源危机。

据科学家推测，地球上海洋波浪蕴藏的电能高达 90 万亿千瓦。可燃冰的蕴藏量比地球上的煤、石油和天然气的总和还多。近年来，在各国开发的新能源的计划中，波能的利用已占有一席之地。尽管波能发电成本较高，需要进一步完善，但目前的进展表明了这种新能源潜在的商业价值。日本的一座海洋波能发电厂已运转将近 10 年，电厂的发电成本虽高于其他发电方式，但对于边远岛屿来说，可节省电力传输等投资费用。目前，美、英、印度等国家已建成几十座波能发电站，从目前看，均运行良好。

　　我们人类必须广泛地开发并使用一切能够利用的新能源。寻找更多取之不尽、用之不竭的无污染再生能源。并积极地开发一切可利用的可再生能源，例如发展太阳能利用、地热发电、大功率风力发电、潮汐发电、生物质能发电技术……发展核能技术，对先进压水堆、空间核电源、高性能燃料组件等。才能够稍加缓解因为缺乏能源而无法生存的能源威胁，使我们的地球更加美丽！

目录
CONTENTS

第❶章
认识我们赖以生存的能源

第❷章
太阳带给我们的神奇能量

第❸章
形形色色的海洋新能源

第❹章

大自然赐予我们的风能

第❺章

绿色能源——生物能源

第6章

二次能源——氢能

第7章

来自地球内部的能量——地热能

认

识我们赖以生存的能源

第一章

RENSHI WOMEN LAI YI SHENG CUN DE NENG YUAN

　　21世纪是一个飞速发展的信息时代，是一个高科技时代，但也是一个能源危机的时代。供应人类生存的不可再生能源已经日益被消耗掉。为了满足地球是日益增长的人口和工业化的需要，人们开始不断寻找新的能被人利用的能源，如氢能、生物能、太阳能、核能等一系列的可再生能源。未来，我们只有有效地利用这些新能源，才能够使地球上的一切生物不会再整日面对"死亡"的威胁。然而在开发利用新能源的同时，我们也应该注意尽量维持生态的平衡。只有人类和自然都能够和谐发展，我们才能够建立起一个更美好的家园！

什么是能源

Shen Me Shi Neng Yuan?

我们人类每天的生存都离不开辅助我们生活的能源，物质、能量和信息是构成自然社会的基本要素，但你知道什么是能源吗？能源事实上就是向自然界提供能量转化的物质（矿物质能源，核物理能源，大气环流能源，地理性能源）。能源不仅是整个世界发展和经济增长的最基本的驱动力，更是是人类赖以生存的基础。自工业革命以来，能源安全问题就开始出现。"能源"这一说法在过去很少被人们提及，但是接二连三的石油危机使能源成为了人们议论的热点。

能源是人类进行一切活动的物质基础。从某种意义上来说，人类社会的发展离不开优质能源的出现，以及先进能源技术的使用。在现今世界上，能源的发展、能源和环境等问题都是全世界共同关心的重要问题，也是中国社会经济发展的重要问题。

※ 工业正在消耗的能源

在全球经济快速发展的今天，国际能源安全标准已经上升到了国家的高度，各国都制定了以能源供应安全为核心的能源政策。而且在未来的几十年里，在稳定能源供应的支持下，世界经济规模也取得了较大增长。然而就在我们尽情享受能源带来的经济发展、科技进步等利益的同时，也难免会遇到一系列无法避免的能源安全挑战，例如能源短缺、资源争夺以及过度使用能源造成的环境污染……这些问题如今已经成为威胁人类的生存与发展的最大因素。

究竟什么叫能源呢？关于能源的定义有很多种，目前大约有 20 种左右。例如：中国的《能源百科全书》说："能源是可以直接或经转换提供人类所需的光、热、动力等任一形式能量的载能体资源。"《大英百科全书》说："能源是一个包括着所有燃料、流水、阳光和风的术语，人类用适当的转换手段便可让它为自己提供所需的能量"；《科学技术百科全书》说："能源是可从其获得热、光和动力之类能量的资源"；《日本大百科全书》说："在各种生产活动中，我们利用热能、机械能、光能、电能等来作功，可利用来作为这些能量源泉的自然界中的各种载体，称为能源"。所以说，能源其实就是一种能够呈现出多种形式的，且可以相互转换的能量的源泉。简单来说，能源就是自然界中能够为人类提供某种形式能量的物质资源。

◎能源的副作用

如果人们的生活中没有了能源，那么我们现在丰富多彩的生活可能就会变成一片漆黑，甚至全人类都会出现难以生存的现象。所以说，能源的生产和消费不仅是为人们提供了生产条件，更对全球的经济发展和整个社会的进步都起着举足轻重的作用。然而，在为我们带来方便的同时，能源的消耗也对

※ 我们生活中正在消耗的电能

我们赖以生存的生态环境产生了十分严重的副作用。为了我们人类自身的可持续发展，并尽可能地延长地球的寿命，我们必须建立一个优质、高

认识我们未来的能源

效、洁净、低消耗的能源系统，这样才能满足下个世纪全球经济发展的要求，同时，也能够给我们的后代子孙留下一个美好、富裕、洁净的生活空间。

能源消耗带来的副作用首先就是化石燃料对环境的影响。由于化石燃料是目前世界上一次能源的主要部分，也是人们生产和生活需求量最多的能源，所以开采、燃烧和耗用等方面的数量都十分庞大，从而对环境的影响也令人关注。这个问题也是人们现在最关注并通过各种各样的方法积极改善和解决的问题。

※ 被消耗掉的化石燃料

对环境影响最严重、最典型的就是煤炭开采，大量的煤炭开采不仅对土地、对村庄有一定的损害，甚至对水资源的影响都是十分严重的。根据有关调查显示，截至目前为止，每开采1万吨煤炭就会造成0.2公顷的农田塌陷，平均每年就会塌陷2万公顷的农田，这些都是直接影响着农业经济和产量发展的不利因素。另外，开采造成的水资源污染对生态环境的影响也是十分触目惊心的，你知道吗？平均每开采1吨原煤就需要向江河湖海中排放2吨左右的污水，而如今的很多地区，因为水源和江河湖海的严重污染而导致居民用水短缺的现象已经十分常见了。

在化石燃料开采和利用、消耗的过程中，燃烧时的释放的各种气体以及固体废物和发电时的余热所造成的污染，都对我们身边的环境有一定的影响。而在这些不良的影响之中，主要包括两个大的方面：一个是化石燃料的利用引起的全球气候变化。因为燃料中的碳转变为二氧化碳进入大气之后，会使大气中的二氧化碳浓度大幅增大，从而导致温室效应的发生，从而改变了全球的气候，危害了自然界的生态平衡；另外一个则是热污染。火电站发电所剩的"余热"最终会以排放到河流、湖泊、大气或海洋中的办法来解决，而这些在大多数情况下都会引起可怕的热污染。比如，这些工业废热水在进入水域之后，因为水温的比水域原有温度要高出7℃~8℃，所以就会破坏或者改变该区域原有的生态环境。

另外，原子能化石燃料也会对我们的环境造成一定的影响。大家可能都知道，核动力是利用铀-235（或钚-239）在中子的轰击下发生裂变，同时释放出核能，并将水加热成蒸汽，从而驱动发电机组发出电来作为动力的。核燃料铀或钚是核动力的主要燃料，虽然它们相比煤或石油有无空气污染、无漏油等优势，但是它也有一个致命的缺点——存在放射性的污染。所以，为了保证人类的安全，所有反应堆所产生的放射性废物都应当与环境进行隔离，不让它们进入到生态环境之中，威胁到人类的生存环境。目前，地层深部埋藏是国内外都公认的比较好的处理技术，也就是说将燃烧完的放射性废物用玻璃固化以后，再将其埋藏于数百米深的岩层中。在这个过程中，首先需要在深部岩层中开挖出一个洞室，然后再将玻璃固化体装入不锈钢的容器内，最后再把容器放入洞室之中，并在周围填充膨润土材料以保持完全密闭的状态，以防止特殊情况下发生的放射性物质向周围的扩散或者转移的意外现象。

除此之外，水力发电比火力发电对环境的污染要小，但是对我们的环境也还是有一定影响的。不管是在水库的建造过程中，还是水库建成之后，对自然环境的影响都是不容忽视的。例如建造规模巨大的水库时，不仅会引起某种地壳活动，甚至还有可能会引发地震和泥石流等自然灾害。另外，还会引起流域水文上的某些变化，例如来自上游的泥沙减少或者下游水位降低等现象。在水库建成以后，还会因为水蒸发量大而对气候造成一定的影响，该地区的气候可能会因为水库的建成而变得气候凉爽且较稳

※ 水力发电

定，但同时降雨量也会随之减少。

另外，水库的建造对生物方面也会带来很大的影响。因为建造水库，就意味着陆地上大量的野生动植物可能会因此被淹没而死亡，甚至是灭绝；而水生的动物虽不会因为被水淹没而死亡，但是由于上游生态环境的改变，也会使鱼类的生存受到影响，从而导致种群数量减少或灭绝。同时，由于上游水域面积的扩大还会使某些生物的栖息地域增加，所以也为一些地区性的疾病，例如血吸虫病等的蔓延创造了良好的条件。

水库的建造还会产生物理、化学性质方面的影响。由于流入和流出水库的水在颜色以及气味等物理化学性质方面会发生一些变化，而且水库中各层水的密度、温度、甚至熔解氧等也都会因此而发生不同的变化。因为深层水的水温较低，而且沉积库底的有机物不能充分氧化，而是处于厌氧分解状态，所以就会导致水体的二氧化碳含量明显增加。

最后，水库的建造对社会经济方面的影响也有双面性。虽然修建水库可以用来防洪和发电，也可以改善水的供应和管理要求，还有增加农田的灌溉率等有利之处，但同时我们也不能无视其不利之处，如水库会导致洪涝灾害，使受灾地区的城市大规模进行搬迁，从而会对社会结构、地区经济发展等产生严重的影响。而且一旦整体、全局计划不周、社会生产和人们生活安排不当，还有可能会引起一系列更为严重的社会问题。此外，如果水库附近有自然景观和文物古迹因为水库的建造而遭到淹没和破坏，这更是国家文化以及经济上的一大损失。

虽然新能源的利用能够为人类带来方便，但是我们从上面的利弊分析中也不难看出人们在开采利用新能源的同时存在的一些弊端。那些能源利用对生态环境造成不同程度影响的问题，也是值得我们去细细思量的。所以，在开发利用新能源的时候，我们还应当事先制定好一套完整、细致的保护规划和落实保护措施，既要开发能源，又要保护好我们的环境。

能源不仅是能够为人类的生产和生活提供各种能力和动力的物质资源，更是一个国家国民经济的重要物质基础，甚至未来国家的命运都取决于能源的掌控。能源的开发和有效利用程度以及人均消费量是生产技术和生活水平的重要标志。

能源其实也可以叫做能量资源或能源资源。它指的是能够产生热量、电能、光能和机械能等各种能量或者可做功的物质的统称。能源是人类能够直接取得或者通过加工、转换而取得有用的各种资源，包括一次能源煤炭、原油、天然气、煤层气、水能、核能、风能、太阳能、地热能、生物质能等，以及二次能源电力、热力、成品油等，另外也包括其他一些新能源和可再生能源。

·聊聊我们的能源·

当"能源"这个醒目的词语"跳动"在我们眼前的时候，你会想到什么呢？也许你会说："嗨！能源这个词吧，每天大家都在说，但是说熟悉吧，我真不知道怎么说才好。但你要说不熟悉吧，我们的生活中又处处都有能源！"别烦恼啦！现在不妨让我们一起来聊一聊能源这个人人都在讨论的话题吧！

首先让我们幻想一下，当未来的某一天，我们走在宽阔的马路上。看到笔直的马路两旁栽满了魁梧、挺拔的大树，公路上行驶的汽车已经不再是曾经那些冒着黑烟的汽油型汽车了，而是用混合燃料来作为动力。我们的空气变得越来越好了，你会不会忍不住想要多呼吸两口呢？

当你路过附近的工厂时，如果看到的不在是冒着黑烟的烟囱，而且周围的工厂和居民所使用的电已经不再是煤炭发出来的了，而是用太阳能、风能、地热能以及开发垃圾回收来进行发电的。那么你会不会觉得呈现在我们眼前的这个崭新的能源世界非常美丽呢？

能源的种类是非常多的：有一次能源、也有二次能源、有可再生能源、也有不可再生能源。你知道什么是一次能源吗？它呀就是直接来自自然界，还未经过加工和转换的初识能源。化石燃料、太阳能、核能、生物燃料、水能等都属于一次能源。二次能源则是说那些原本是一次能源，后来经过直接或者间接转化而来的能源，也就是我们平时所说的电能、汽油、煤气、沼气、氢能等能源。可再生能源就是说不随其本身的转化或被人类利用而减少的能源，此类能源也就是我们平时所说的太阳能、风能、地热能……最后再让我们说说非再生能源吧！它其实就是随其本身的转化，或被人类利用而不断减少的能源，目前已经面临危机的化石燃料、核燃料等。

现在，听了这么多能源的介绍，你是不是对能源更加了解了呢？那么你会不会也更加有兴趣去开发能源呢？

| 拓展思考 |

1. 你知道能源是什么吗？
2. 能源对我们的生活有什么作用？
3. 未来我们会面临能源危机吗？

能源的分类

Neng Yuan Di Feng Lei

自然界中的能源种类繁多，而且经过人类不断开发与研究，更多新型能源已经开始能够满足人类需求。根据不同的划分方式，能源也可分为不同的类型。但根据它们的初始来源可以概括为以下七种分法。

◎ 按来源分

能源可分为三类：地球本身蕴藏的能量通常指与地球内部的热能有关的能源和与原子核反应有关的能源。

① 来自地球外部天体的能源，主要是指与太阳有关的能源。太阳能除可直接利用它的光和热外，它还是地球上多种能源的主要源泉。除直接辐射外，并为风能、水能、生物能和矿物能源等的产生提供基础。人类目前所需能量的绝大部分能量都是直接或者间接地来自太阳的。各种植物通过光合作用把太阳能转变成化学能在植物体内储存下来的，这部分能量为人类和动物界的生存提供了能源。煤炭、石油、天然气等化石燃料也是由古代埋在地下的动植物经过漫长的地质年代形成的。它们实质上是由古代生物固定下来的太阳能。此外，水能、风

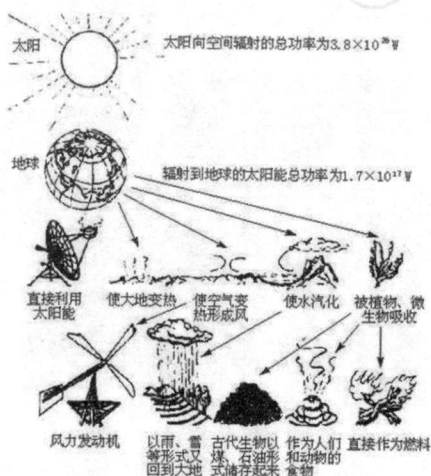

太阳　太阳向空间辐射的总功率为$3.8×10^{36}$W

地球　辐射到地球的太阳能总功率为$1.7×10^{17}$W

直接利用太阳能　使大地变热　使空气变热形成风　使水汽化　被植物、微生物吸收

风力发动机　以雨、雪等形式回到大地　古代生物以煤、石油形式储存起来　作为人们直接作为燃料和动物的食物

※ 能源的分类示意图

※ 正在丢失能量的地球

能、波浪能、海流能等也都是由太阳能转换来的。

从数量上看，太阳能非常巨大。理论计算表明，太阳每秒钟辐射到地球上的能量相当于 500 多万吨煤燃烧时放出的热量；一年就有相当于 170 万亿吨煤的热量，现在全世界一年消耗的能量还不及它的万分之一。但是，到达地球表面的太阳能只有 1‰～2‰ 被植物吸收，并转变成化学能储存起来，其余绝大部分都转换成热，散发到宇宙空间去了。

②地球本身蕴藏的能量，例如原子核能、地热能等。地球可分为地壳、地幔和地核三层，它就像一个大热库，从地面向下，随着深度的增加，温度也会不断增高。从地下喷出地面的温泉和火山爆发喷出的岩浆就是地热的表现。地壳就是地球表面的一层，一般厚度为几千米至 70 千米不等。地壳下面的一层就是地幔，它大部分是由熔融状

※ 地热能形成的天然温泉

的岩浆组成的，厚度为 2900 千米。火山爆发一般是这部分岩浆喷出。地球内部为地核，地核中心温度为 2000℃。可见，地球上的地热资源储量也很大。按照目前钻井技术可钻到地下 10 千米的深度来计算的话，估计地热能的资源总量相当于世界年能源消费量的 400 多万倍。

③地球和其它天体相互作用而产生的能量，也就是指与地球—月球—太阳相互联系有关的能源。由于地球、月亮、太阳之间有规律的运动，造成相对位置周期性的变化，所以它们之间产生的引力使海水涨落而形成潮汐能。与上述三类能源相比，潮汐能的数量很小，全世界的潮汐能折合成煤约为每年 30 亿吨，而实际可用的只是浅海区那一部分，每年约为 6000 万吨煤。

◎ 按能源的基本形态分

如果按照能源的基本形态来分，能源还可以分为一次能源和二次能源两种。一次能源即天然能源，指的是自然界现有存在的能源，像煤炭、石油、天然气、水能等都是一次能源。其中包括水、石油和天然气在内的三种能源是一次能源的核心，它们成为全球能源的基础；除此以外，太阳能、风能、地热能、海洋能、生物能以及核能等可再生能源也被包括在一次能源的范围内；二次能源则是由一次能源加工转换而成的能源产品，像

电力、煤气、蒸汽及汽油、柴油、焦炭、洁净煤、激光和沼气等各种石油制品都是二次能源。一次能源又可以分为可再生能源（水能、风能及生物质能）和非再生能源（煤炭、石油、天然气、油页岩等）。

◎按能源性质分

如果按照能源的性质来分，能源可以分为燃料型能源（煤炭、石油、天然气、泥炭、木材）和非燃料型能源（水能、风能、地热能、海洋能）两大类。人类最早开始懂得利用自己体力以外的能源是从用火开始的，最早所使用的燃料也就是我们所说的木材，以后才开始逐渐使用各种化石燃料，例如煤炭、石油、天然气、泥炭等更加先进的能源。发展到高科技的今天，因为化石燃料消耗量非常巨大，但地球上这些燃料的储量有限。科学家们已经开始研究利用太阳能、地热能、风能、潮汐能等新型无污染的能源。未来铀和钍将成为为世界提供大部分的能量。一旦控制核聚变的技术问题得到了解决，人类是很有可能获得无尽使用的能源的。

※ 非再生能源——煤炭

※ 非再生能源——石油

※ 非再生能源——天然气

◎根据能否造成污染分

如果按照能源消耗后是否会造成环境污染来分的话，能源也可以分为污染型能源和清洁型能源。

污染型能源包括煤炭、石油等人类利用过程中会污染环境的能源。污染型能源煤炭、石油类能源在燃烧过程中会产生大量二氧化碳、硫氧化物、氮氧化物及多种有机污染物。这些污染物，有的形成酸性降水，破坏

环境、影响生态；有则的降低大气能见度，某些有机污染物在阳光作用下又会形成光氧化物，对环境和人体健康造成危害；能源物质中夹杂的重金属元素也会污染土壤、水域等，造成危害。过去，大部分人们都认为二氧化碳排放是无害的，但后来发现会形成城市热岛现象，而且全球性温室效应使地球升温也日益受到关注，所以才对二氧化碳的排放日益重视起来。

清洁型能源包括水力、电力、太阳能、风能以及核能等不排放污染物的能源，它包括核能和"可再生能源"。可再生能源是指原材料

※ 非再生能源——水能

可以再生的能源，如水力发电、风力发电、太阳能、生物能（沼气）、海潮能这些能源。可再生能源不存在能源耗竭的可能，因此日益受到许多国家的重视，尤其是能源短缺的国家。

◎根据能源使用的类型

能源按照使用途径又可分为常规能源和新型能源。

利用技术上成熟，使用比较普遍的能源叫做常规能源。常规能源也叫传统能源，是指已被人类广泛利用并在人类生活和生产中起过重要作用的能源，包括一次能源中的可再生的水力资源和不可再生的煤炭、石油、天然气等资源。在这几种能源中，如煤炭、石油、天然气、核能等都属一次性非再生的常规能源。而水电则属于再生能源，如葛洲坝水电站和三峡水电站，只要长江水不干涸，发电也就不会停止。煤和石油、天然气则不是这样，它们在地壳中是经千百万年形成的（按现在的采用速率，石油可用几十年，煤炭可用几百年），这些能源短期内不可能再生，因而人们对此有危机感是很自然的。

新型能源指的是新近利用或正在着手开发的能源，包括太阳能、风能、地热能、海洋能、生物能、氢能以及用于核能发电的核燃料等能源。它是相对于常规能源而言的，由于新能源的能量密度较小，而且品位较低，有时候还会伴有间歇性，按已有的技术条件转换利用的经济性还不够成熟，所以目前仍处于研究、发展阶段，只能因地制宜地开发和利用。但由于新能源大多数都是可再生的能源，而且资源丰富、分布广阔，所以被视为是未来可使用能源的主力军。

▶**知识万花筒**

　　人们通常都是按照能源的形态特征或者转换与应用的层次两个方面的特性来对它进行分类的。世界能源委员会推荐的能源类型基本可分为：固体燃料、气体燃料、液体燃料、太阳能、水能、风能、核能、海洋能和地热能以及生物质能和电能几种。其中，固体燃料、气体燃料、液体燃料统称为化石燃料或化石能源。其他已经被人类所认识的能源，也都能够在一定条件下转换为人们所需的某种形式的能量。例如把薪柴和煤炭加热到一定温度之后，它们就能和空气中的氧气化进行融合，从而释放出大量的热能。我们不仅可以用热来取暖、做饭或制冷，还可以用热来产生蒸汽，用蒸汽推动汽轮机，使热能变成机械能。当然，我们也可以用汽轮机带动发电机，从而让机械转变成为电能；然后再把电送到工厂、企业、机关、农牧林区和住户，使它们转换成机械能、光能或热能。

◎商品能源和非商品能源

　　能源还有商品能源和非商品能源之分。

　　商品能源指的是那些能够进入能源市场，并作为商品来进行销售的能源。例如煤、石油、天然气和电等均属于商品能源的范畴。国际上的统计数字均限于商品能源。

　　而非商品能源则主要是指薪柴和农作物残余（秸秆等）作物能源。1975 年，世界上的非商品能源大约为 0.6 太瓦年，大致相当于 6 亿吨标准煤。而中国在 1979 年的时候，非商品能源则约合 2.9 亿吨标准煤。

◎再生能源和非再生能源

　　除了以上的几种分类之外，人们对一次能源又进一步加以分类，也就是我们经常说的再生能源和不可再生能源。

　　可再生能源是指在自然界中可以不断再生、永续利用的能源，属于能源开发利用过程中的一次能源。它具有取之不尽，用之不竭的特点，主要包括太阳能、风能、水能、生物质能、地热能和海洋能等。凡是可以不断

认识我们未来的能源

得到补充或者能在较短周期内再次产生的能源，我们都将其称为再生能源。可再生能源对环境无害或危害极小，而且资源分布广泛，适宜就地开发利用。像风能、水能、海洋能、潮汐能、太阳能和生物质能等是可再生能源。可再生能源不包含化石燃料和核能，像煤、石油和天然气等都是非再生能源。相对于可能穷尽的化石能源来说，可再生能源在自然界中可以循环再生。

可再生能源之外的能源我们则称其为不可再生能源。其泛指人类开发利用后，在现阶段不可能再生的能源资源，叫"非可再生能源"。如煤和石油都是古生物的遗体被掩压在地下深层中，经过漫长的演化而形成的（故也称为"化石燃料"），一旦被燃烧耗用后，不可能在数百年乃至数万年内再生，因而属于"不可再生能源"。地热能目前被视为是非再生能源的一种，但从地球内部巨大的蕴藏量来估算的话，其又具有再生的性质和可能。石油、天然气、煤炭等不可再生能源价格急速上升，核能逐渐成了一种不可替代的能源，尤其是在亚洲国家。但是由于核废料容易造成严重污染，所以核电站从一开始建设就受到批评，人道主义者大部分都批评或者指责他们不够安全，环保主义者则批评他们环境污染太严重，私人投资者更是批评他们需要的投资太大。

| 拓展思考 |

1. 你知道能源有多少种分类吗？
2. 一次能源和二次能源有什么区别？
3. 什么是非商品能源？

认识我们未来的能源

中国能源发展现状

Zhong Guo Neng Yuan Fa Zhan Xian Zhuang

在当今世上，中国不仅是最大的发展中国家，也是世界上排名第二位的能源生产国和消费大国。能源供应的不断增长，为国家的经济社会发展提供了重要的支撑。而能源消费的日益增长，也为世界能源市场创造了无比广阔的发展空间。在如今的世界能源市场上，中国不仅是不可或缺的重要组成部分，而且对维护全球能源安全也发挥着越来越重要的积极作用。

与世界相比之下，中国目前的煤炭资源地质开采条件还十分落后，大部分的储量目前还需要矿工进行开采，只有极少量的可供进行露天开

※ 迫切需要保护的地球能源

采。由于中国石油天然气资源地质条件比较复杂，埋藏的也较深，所以对勘探开发技术的要求也非常高。中国现今未开发的水力资源也多集中在西南部的高山深谷之中，远离负荷中心，所以开发难度和成本都非常庞大。除以上的能源之外，非常规能源资源也因为勘探程度比较低，经济性较差，所以缺乏竞争力。

中国目前正在以科学发展观作为指导思想，尽量加快发展现代能源产业。同时还把坚持节约资源和保护环境作为基本国策，并一并将建设资源节约型、环境友好型的社会环境放在工业化、现代化发展战略的突出位置。从而努力增强国家能源的可持续发展能力，力图建设一个创新型的国家，从而为世界经济发展和繁荣作出更大的贡献。

一、能源发展现状

能源发展基础的重点最终依然是能源资源。自新中国成立的几十年来，中国政府不断加大对能源资源等项目的勘查力度，并组织开展了多次

的资源评价。据统计，中国目前的能源资源有以下几种特点：首先中国的能源资源总量十分丰富，其中化石能源资源最为可观，而煤炭又在其中占主导的地位。截止 2006 年，中国煤炭保有资源量 10345 亿吨，剩余探明可采储量约占世界煤炭总量的 13％，列世界第三位。而已探明的石油、天然气资源储量则相对处于弱势。但由于油页岩、煤层气等非常规化石能源储

※ 节约我们有限的能源

量潜力较大，所以中国拥有的可再生能源资源仍是非常丰富的。另外，中国的水力资源理论蕴藏量折合年发电量约为 6.19 万亿千瓦时，经济可开发年发电量约 1.76 万亿千瓦时，相当于世界水力资源量的 12％，以绝对的优势居于世界首位。

由于中国人口众多，所以和一些地广人稀的国家相比，难免会出现人均能源资源拥有量较低的现象。即便是资源丰富的煤炭和水力资源，人均拥有量也相当于世界平均水平的 50％ 左右，石油、天然气等原本就不充裕的能源，人均资源量仅为世界平均水平的 1/15 左右。另外，由于耕地资源不足世界人均水平的 30％，也很大程度地制约了生物质能源的开发。

虽然中国的能源资源分布十分广泛，但分布的并不十分均衡。中国的水力资源主要分布在西南地区，煤炭资源则主要集中在华北、西北地区，石油、天然气资源主要赋存在东、中、西部地区和海域。但事实上，东南沿海经济发达地区才是中国主要的能源消费地区，这就使资源赋存与能源消费地域存在十分明显的差别。中国目

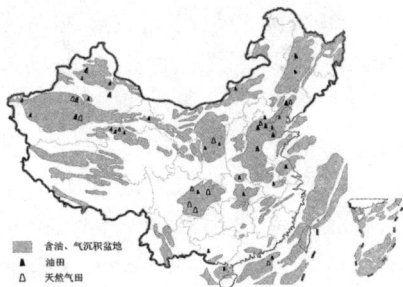
含油、气沉积盆地
▲ 油田
△ 天然气田
※ 中国的能源分布图

前能源流向的显著特征和能源运输的基本格局就是大规模、长距离的北煤南运、北油南运、西气东输、西电东送。

改革开放之后的几十年间，中国的能源工业得到了迅速的发展，为保障国民经济持续快速发展作出了重要贡献。供给能力明显提高就是快速发展的主要表现。经过这几十年的努力，中国目前已经初步形成以煤炭为主体、电力为中心、石油天然气和可再生能源全面发展的能源供应格局，从大体上来说，目前的能源供应体系已经较为完善了。

中国能源消费目前位居世界第二，所以消费结构有所优化也是中国能源发展的特色之一。随着科技水平地迅速提高。中国能源科技取得了十分显著的成就，以"陆相成油理论与应用"为标志的基础研究成果，极大地促进了石油地质科技理论的发展。另外，中国政府目前十分重视对现有自然环境的保护，并将加强环境保护作为一项基本国策，社会各界的环保意识也有了普遍的提高。随着中国市场环境的逐步完善，中国的能源工业目前正在改革稳步推进。另外，能源企业重组也取得了一定的突破，基本建立了成熟的现代化企业制度。

中国经济的发展较快，工业化、城镇化进程也不断加快，所以，对能源的需求也日益渐长，这样一来，构建稳定、经济、清洁、安全的能源供应体系，就面临着十分巨大的挑战。

目前，资源约束突出，能源效率偏低是对中国能源的挑战之一。由于中国优质能源资源相对较为不足，所以供应能力就会受到一定的制约。另外能源资源分布不均的现象，也增加了持续稳定供应的难度。再者，中国目前的经济增长方式粗放、能源结构不合理、能源技术装备水平低和管理水平相对落后等原因，也导致了国内生产总值能耗和主要耗能产品能耗高于主要能源消费国家的平均水平，从而进一步加剧了能源供需矛盾。所以如果单纯依靠增加能源供应的方式，是很难满足持续增长的消费需求的。

煤炭是中国的主要能源之一，然而煤炭消费也是造成煤烟型大气污染的主要原因，也是温室气体排放的主要来源。所以能源消费以煤为主的话，无疑会使环境压力越来越大。然而以煤为主的能源结构在未来很长一段时间内恐怕都是很难改变的。随着中国机动车保有量的迅速增加，部分城市大气污染已经变成煤烟与机动车尾气混合型。这

※ 被煤烟污染的叶子

种状况如果一直持续下去，将给生态环境带来更大的压力。目前只能减少相对落后的煤炭生产方式和消费方式，加大对自然生态环境的保护。

中国能源市场体系目前还有待完善，能源价格机制未能完全反映资源稀缺程度、供求关系和环境成本，所以应急能力仍有待加强。另外，能源资源的勘探开发秩序也有待进一步的规范，能源监管体制尚待健全。比如煤矿生产的安全问题，电网结构是否合理化，石油储备能力不足问题，如何有效应地对能源供应中断以及重大突发事件的预警等都有待更进一步

的完善和加强。

2009 年 9 月 25 日，中国地质部门在北京介绍，有关专家青藏高原发现了新型能源——可燃冰（又称天然气水合物）的环保新能源，而且可燃冰的总量至少相当于 350 亿吨油当量，预计十年左右能投入使用。可燃冰是水和天然气在高压、低温条件下混合而成的一种固态物质，具有使用方便、燃烧

※ 汽车排放的尾气正在污染我们的环境

值高、清洁无污染等特点，是地球上公认的尚未开发的最大新型能源。这是继加拿大、美国之后，在陆域上通过国家计划钻探第三次发现可燃冰。也是中国首次在陆域上发现可燃冰。

▶知识万花筒

中国作为世界上最大的发展中国家，能源生产量仅次于美国和俄罗斯，居世界第三位；基本能源消费占世界总消费量的 1/10，仅次于美国，居世界第二位，这都注定中国是一个能源生产和消费大国。但由于中国是一个以煤炭为主要能源生产和消耗的国家，所以发展经济与环境污染的矛盾也随着能源的不断开发利用而日益突出。近年来，中国的能源安全问题已经日益成为国家乃至全社会关注的一个重点，能源的使用和污染问题已经日益成为中国战略安全的隐患和制约经济社会可持续发展的最大瓶颈。自 20 世纪 90 年代以来，中国经济的持续高速发展很大程度地带动了能源消费量的急剧上升。自 1993 年起，中国就由原来的能源净出口国变成了能源净进口国，能源的总消费量已远远大于总供给量，而且对能源的需求仍然没有减缓的势头，且日益增大。煤炭、电力、石油和天然气等能源目前在中国都存在一定的缺口，其中，石油需求量的大增和因为石油而引起的结构性矛盾也已经日益成为中国能源安全所面临的最大难题之一。

|拓展思考|

1. 你知道中国的能源大多分布在哪里吗？
2. 中国的主要能源是什么？
3. 什么是常规能源？

认识我们未来的能源

未来所面临的能源危机

由于目前石油、煤炭等能源被大量使用，而与此同时，由于新的能源生产供应体系又未能建立，所以促使传统化石能源面临枯竭的现象。不管是交通运输，还是金融、工商业等各个方面都因为能源问题而造成了一系列的问题，这些问题被统称为能源危机。根据经济学家和科学家的普遍估计，大约到 2050 年的时候，世界上的石油资源将会被开采殆尽，其价格一定会飙升到一个十分高昂的位置，

※ 能源危机引发的油价上涨

根本不适于大众化普及应用。而在此时期之前，如果新的能源体系仍然无法建立，那么可怕的能源危机将会席卷全球，世界上不仅工业会大幅度萎缩，甚至还会因为抢占剩余的石油资源而引发战争，其中以欧、美等极大地依赖石油资源的发达国家受害程度最为严重。

我们可以先来总结一下，在过去的几十年间，世界能源的消费发展状况。自 19 世纪 70 年代开始，产业革命使化石燃料的消费急剧增大。虽然初期主要以煤炭为主的，但是在进入 20 世纪以后，尤其是第二次世界大战以来，人类对石油能源和天然气能源的开采和消费情况发生了很大改变，不仅需求量大幅度的增加，而且还以平均每年消耗近 2 亿吨的速度在不断地持续增长。

虽然在 20 世纪 70 年代，曾经经历了两次石油危机，石油价格高涨，但石油的消费量却不见有丝毫减少的趋势。为此，世界能源结构不得不进行相应的变化，核能、水力、地热等其他形式的新型可持续能源逐渐被开发和利用。特别是在第二次世界大战中，被军事专家发现并利用的原子核武器的副产品——核能，发现其能够发电并得到了和平利用之后，核能能源的规模也不断得到发展。目前，很多国家现已进入了原子能的时代，其中，日本 40％的发电量都是靠核能来解决的。

那么，当今世界上的能源消费状况又是怎样的呢？以 1994 年为例，世界能源的总消费量以石油换算为 79.8 亿万吨，其中石油占 39.3%、煤炭占 28.8%、天然气占 21.6%，这样化石燃料的消费量占 3%。日本作为世界主要工业国家之一，每年能源的消费量约占世界总量的 6.5%，其中化石燃料占 82.4%。虽然很多国家在新的能源开发方面都倾注不少心血、时间以及努力，但是即便包括水力发电在内，比例也仅仅只占了 5% 左右，未来的前景仍然不容乐观。

为了避免在不久的未来出现上述窘境，目前美国、加拿大、日本、欧盟等都在积极地开发如太阳能、风能、海洋能（包括潮汐能和波浪能）等一切可以再生的新能源，或者将注意力转向海底的可燃冰等新的化石能源。与此同时，氢气、甲醇等燃料也逐渐被作为汽油、柴油的替代品，并在社会上受到了广泛关注。目前，世界上众多国家热情研究的氢燃料电池电动汽车的情形，就是此类能源中介应用最典型的代表。

整个世界发展和经济增长都离不开能源，能源可以说是促进世界和经济发展的基本驱动力，是人类赖以生存的基础。但是自从工业革命之后，能源的安全问题就开始逐渐显现了。

1913 年，英国海军开始用石油能源取代曾经的煤炭为动力，当时还在任海军上将的邱吉尔就提出了"绝不能仅仅依赖一种石油、一种工艺、一个国家和一个油田"这一迄今仍必须参考的能源多样化原则。后来，伴随着人类社会对能源需求的不断增加，能源安全问题还逐渐与国家的政治安全、经济安全等紧密联系在了一起。在过去的两次世界大战中，能源一跃成为能够影响战争的最终结局、决定国家最终命运的关键因素。法国总理克莱蒙梭曾说："一滴石油相当于我们战士的一滴鲜血"。这就足可见能源安全的重要性在那个时期就已经得到了国际社会的普遍认可。

20 世纪 70 年代，连续爆发的两次石油危机使得能源安全的内涵得到了极大拓展，特别是在 1974 年，国际能源署正式提出了以稳定石油供应和价格为中心的能源安全概念之后，西方的一些国家也据此制定了以能源供应安全为核心的能源政策。在此后的几十年里，在稳定能源供应的支持下，世界经济规模取得了较大的增长。然而就在人类享受能源带来的经济发展、科技进步等利益和方便的同时，能源安全挑战，能源短缺、资源争夺以及过度使用能源造成的环境污染等问题也成了威胁着人类的生存与发展的严重问题，使人们不得不正视的问题。

在如今的世界上，常规能源的储量已经远远跟不上人们对能源的需求量了。当前世界能源消费以化石资源为主，其中中国等少数国家是以煤炭为主，其他国家大部分则是以石油与天然气为主。按目前的消耗量来计

认识我们未来的能源

算，有些能源甚至仅能在维持半个世纪左右就会被开采殆尽（如石油），而有些储量丰富的能源，也最多也只能维持一、两个世纪（如煤炭）人类的生存需求而已。所以，即便是所有人都"节约"和"利用太阳能"，或"打更多的油井或气井"或者"发现更多更大的煤田"，能源的供应始终都是跟不上人类对能源的需求量的。所以，不管是采用哪一种常规能源结构，人类未来面临严重的能源危机都是无法避免的。

※ 疯狂上涨的油价

▶ **知识万花筒**

如今，世界所面临的能源安全问题已经日益呈现出与历次石油危机所明显不同的新特点和新变化，这不仅仅是能源供应安全问题，同时也包括能源供应、能源使用、能源需求、能源运输、能源价格等所有安全问题在内的综合性风险与威胁。

就目前而言，大量减少汽车的生产显然是不可能的，但是石油危机对汽车业的影响又是无法避免的，所以尽量开发一些新型汽车（如混合动力、燃料电池、氢动力、太阳能等）来减轻对石油的依赖是势在必行的，另外还可以适当地减少一些不必要的汽车使用（例如私家车等）来节约燃料等。

◎启示与建议

目前，为了更好地应对能源危机，我们必须依靠科技进步和正确的政策引导来提高能源的效率，走高效、清洁化的能源利用道路。但是中国的国情似乎是难以改变的，因为中国目前的能源资源储量结构的特点及中国经济结构的特色，决定了中国以煤炭为主的能源结构是很难改变的，而这也就注定了中国能源消费结构与世界能源消费结构的差异必定会继续存在。而这种不平衡的状态也就要求中国的能源政策，包括在能源利用、能源基础设施建设以及勘探生产、环境污染控制和利用海外能源等多个方面的政策应有别于其他国家。另外，鉴于中国人口众多、能源资源又十分有限，特别是优质能源的资源有限的情况，以及中国目前正处于工业化进程中等情况，也一定要特别注意依靠科技进步和政策引导，从而提高能源的生产和消费效率，并进一步地寻求新型清洁能源的，积极倡导能源、环境

以及经济的共同可持续发展。

除了以上的措施之外，借鉴国际上一些发达国家的先进经验，建立和完善中国能源安全体系。也是一种必要的途径。为保障能源安全，中国一方面应需要借鉴国际先进经验，完善现有的能源法律法规，并建立起一套有效的能源市场信息统计体系以及能源安全的预警机制、能源储备机制和能源危机应急机制，从而积极地倡导能源供应在来源、品种、贸易、运输等方式的多元化，起到提高市场化程度的作用；另一方面，还应尽量加强与主要能源生产国和消费国之间的对话，并尽量扩大国家的能源供应网络，实现能源生产、运输、采购、贸易及利用的全球化发展。

能源消费是人类未来必须考虑的重大问题，因为地球上的能源终将是有限的，能源不足的情形是每个人都可以想象到的。如果我们现在只为了需求而伐树而不是不断植树，那么森林必定会在未来变成像荒原一样的不毛之地，而面对如巨大的消费量，世界的能源资源也将会面临枯竭。另外，再加上世界人口的不断增加因素，能源紧缺的时期可能还会提前到来。所以，21 世纪我们对新能源的开发与利用，已经不能停留在实验和开发阶段，而是要成为一个全民关注的话题去对待！

| 拓展思考 |

1. 世界目前所面临的共同能源危机是什么？
2. 目前世界上常规能源的储量还能维持多久？
3. 怎样才能缓解能源缺乏带来的危机？

节能还能"增加"能源吗

Jie Neng Hai Neng "Zeng Jia" Neng Yuan Ma

在现在的地球上，世界人口的不断增长不仅和社会经济的发展有紧密的关系，而且还和能源的供应和需求有着直接的关系。由于地球上的可再生能源和不可再生能源如今都面临着枯竭，甚至是已经枯竭的严重能源问题，所以为了使能源问题不会对人类未来的生活造成威胁，世界各国都已经开始高声呼吁节约能源、绿色环保，同时还大力鼓励人类开发和利用新的清洁能源。然而，现在却有科学家提出了"节能的同时还可以增加能源"的说法。你认为这种说法可信吗？

虽然说节能会减少能源的损耗量，能够使能源的寿命有所延长，但是节能怎么还能增加能源呢？其实，节能并不意味着不消耗能源或者减少能源消费。在发展可持续发展的社会下，人们不仅需要发展一定的生活发展水平，还要确保一定的能源消耗才能促进社会的稳定发展。所以，节能一般都是通过节能技术来实现的，而所谓的节能技术其实也就是指投入一定

是干涸？　是生机？

※ 是节能还是毁灭？

量的能源，然后使其产生的效益更多的一种先进技术，这种技术最终其实就是以提高有效利用能量与能源的能量之比为目的的。

节能是整个社会都在一直呼吁的问题，不仅需要我们共同去遵守，而且需要人们通过多方面的努力才能实现。其实绝大部分能源的最终消费都需要依靠二次能源，但是从一次能源转换成为二次能源会出现一部分的损耗，所以减少这个过程中的损失才是节能的关键因素。二次能源的转换主要是指石油制品转换和电能转换。从原油向石油制品转换的过程中，会在精炼、改质、脱硫等工序中会有大量能量以蒸汽的形式消耗掉。另外，从理论上讲，在电能转换的过程中，现在被使用的蒸气涡轮机发电形式的效率都被认为最大的限度只可能达到53％左右。而当今世界上最先进的电厂的效率在技术上的上限却只有42％。

※ 节约用水

所以，如果想进一步提高电厂的效率，就需要在发电原理上进行进一步开发，例如，现在所使用的高温气式涡轮机和复合循环式的发电形式，在发电过程中的消耗量几乎可以达到一次能源全消耗量的16％左右。

另外，发电过程中会损耗一部分的"余热"或者是废地热也是一个关键性的问题。为了解决这个问题，一些发达的国家和地区，都悄然兴起了现代热电联产技术，由于这项技术可达是余热的损耗减少70％～80％，所以就连中国也加入了此行列之中。另外，为了能够将电能输送配电过程中6％～7％的损耗再次利用起来，目前有关利用1000千伏～1300千伏的超大容量送电以及超导送电的技术研究开发也正在进行开发和研究。其实终端能源消耗过程中的节约，大部分都是通过现有

※ 节约用电

技术和新开发的高新技术来实现的，所以对一些有关提高能量利用效率的工业和民用机械等依然使用老技术的设备，还需要进行大量的整改和创新，并要不断开发一些相关的新技术。

| 拓展思考 |

1. 为什么要节约我们的能源？
2. 节约能源能够使地球上的能源增加吗？
3. 你知道几种节约能源的方法？

认识我们未来的能源

太

第二章

阳带给我们的神奇能量

TAI YANG DAI GE I WO MEN DE SHEN QI NENG LIANG

太阳是一个十分神奇的星体，它不仅能够为地球和人类带来了光明和温暖，而且还为地球提供了无尽的热量。人类的生活离不开太阳赐予我们的天然能量。人类不仅要依赖太阳的光辉才能享受世界上的美好事物，而且还可以将太阳光的热能转换成电能并储存起来，制成可以供我们人类随时使用的太阳能电池，让人类不受昼夜和气候变化等因素的影响，可以随时享用太阳带给我们的稳定的、可储存的、可再生能源！

能源的母亲——太阳

Neng Yuan De Mu Qin——Tai Yang

太阳能对于现代人来说已经是司空见惯的了，它一般指的就是太阳光的辐射能量，在现代一般用作供暖或者发电。地球上的任何生物都需要以太阳提供的热和光来生存，而在古时候，人类就懂得借用阳光来晒干物件，以延长食物保存时间的方法，例如制盐和晒咸鱼、腊肉等。然而在如今面临化石燃料能源的不断减少，人们又想起来能

※ 太阳

够带来光明和温暖的阳光，并有意把太阳能进一步地发展成为一种可持续使用的能源。太阳能的利用有光热转换（被动式利用）和光电转换两种方式，是一种新兴的可再生能源。广义上的太阳则更多的是指地球上风能，化学能，水的势能等多种能量的来源，如而非是单一的来自太阳的能源。

太阳能能源是一种来自地球外部天体的能源，是人类必须依靠的一种能量源泉。我们生活中的绝大部分能源都是都直接或者间接地来自太阳的。各种植物通过光合作用之后，就会把太阳能转变成化学能储存在体内保留下来。煤炭、石油、天然气等化石燃料能源也是由多年以前埋藏在地下的动植物，在经过漫长的地质年代变迁之后才形成的。除此之外，水能、风能等也都大多都是由太阳能转换而来的。

太阳内部经过连续不断的核聚变反应之后就会产生一种巨大的能量——太阳能。按照地球轨道上的平均太阳辐射强度 1367 千瓦/平方米，而地球赤道的周长约为 4 万千米来计算的话，可以得出地球获得的能量可达到 17.3 万太瓦。在海平面上的标准峰值强度为 1 千瓦/平方米，地球表面某一点 24 小时的年平均辐射强度为 0.20 千瓦/平方米，相当于有 10.2 万太瓦的能量，人类的生存离不开这些能量的维持，其中除了地热能资源以外，其他所有形式的可再生能源都包括在内。虽然太阳能资源总量比现

在人类所利用的能源高出 1 万多倍，但由于太阳能的能量非常密度低，而且它会因地而异，因时而变，所以在开发利用的过程中仍面临着许多问题。

太阳的能源是巨大的、久远的、永无无尽的。尽管它辐射到地球大气层时的能量仅占其总辐射能量的 22 亿分之一，但已经高达 17.3 万太瓦，而这也就代表着太阳每秒钟照射到地球上的能量相当于 500 万吨煤的燃烧量。

※ 太阳能设计图

地球上一切的自然能源，包括风能、水能、生物质能、波浪能和海洋温差能以及部分潮汐能等能源，其实都是来源于太阳的；即使是地球上现在已经面临能源危机的煤、石油、天然气等化石燃料，从根本上来说，也是离不开太阳的能量的。所以广义的太阳能所包括的范围是非常庞大的，狭义的太阳能则仅限于太阳辐射能产生的光热、光电和光化学等直接的转换。

太阳能是氢原子核在超高温时聚变释放的巨大能量，是人类能源的宝库。太阳能资源十分丰富，而且又具有无需运输，对环境无任何污染、免费等特点。它既是一次能

※ 无任何污染的太阳能

源，又是可再生的能源。然而除了自身的优势之外，太阳能还有两个主要缺点：一个是能量密度低；另外则是其强度受季节、地点、气候等各种因素的影响而无法维持常量。太阳能无法被大规模的利用也正是因为这两个缺点。

认识我们未来的能源

◎太阳能的利用

间接利用太阳能：

化石能源（光能——化学能）；

生物质能（光能——化学能）；

直接利用太阳能：

集热器（有平板型集热器、聚光式集热器）（光能——内能）；

太阳能电池：（光能——电能）；

一般应用在人造卫星、宇宙飞船、打火机、手表等方面。

知识万花筒

·太阳能量知多少·

如果将太阳的结构从里向外进行划分，基本可分为四层。首先，太阳的中心为热核反应区，核心之外则是辐射层，辐射层之外的是对流层，而居于对流层之外才是太阳大气层。太阳中心是热核反应区是从核物理学理论推测得知的。太阳中心区占整个太阳半径的1/4，约为整个太阳质量的一半以上，这也就表明太阳中心区的物质密度非常高。太阳中心区是太阳巨大能量的发祥地，处于高密度、高温度和高压状态。

除了原子能和火山、地震以外，太阳能是地球上一切能量的总源泉。那么，你知道整个地球接收到的太阳总能量有多少吗？科学家们曾在地球大气层外放置了一个能够测量太阳总辐射能量的仪器，每平方厘米的面积上，每分钟能够接收到的太阳总辐射能量为8.24焦，这个数值也叫太阳常数。如果将这个太阳常数乘上以日地平均距离作半径的球面面积，得到的数据其实就是太阳在每分钟发出的总能量，这个能量折合之后约为每分钟2.273×10^{28}方焦。但是当这些能量到地球上之后，就仅剩22亿分之一了。

太阳每年无偿提供给地球的能量加在一起，大约相当于100亿亿度电。这种取之不尽、用之不竭，又对人们的自然环境没有任何污染的能源，无疑是人类未来最理想的能源选择。

拓展思考

1. 太阳除了带来白天的光明，还有什么能量？

2. 什么是太阳能？

3. 太阳能是如何利用起来的？

太阳能能为我们带来什么

Tai Yang Neng Neng Wei Wo Men Dai Lai Shen Me

人类利用太阳带来的能量已经有很多年的历史了，在对太阳能的热利用之中，最主要的其实就需要是将太阳的辐射能转换为热能。但由于太阳能较为分散，所以必须设法把它集中在一起。而这种方法其实就是通过集热器来实现的，集热器是各种利用太阳能转换能源装置最为关键的部分。但是由于用途方面有

※ 利用太阳的辐射能产生的热能发电

所不同，所以集热器以及与其匹配的系统类型也可分为许多种，名称也有所不同，例如我们平时常见的有做饭用的太阳灶、能够产生热水的太阳能热水器、能节约用电量的太阳能路灯以及太阳能采暖设备、太阳能空调，还有一些不太常见的用于干燥物品的太阳能干燥器、用于熔炼金属的太阳能熔炉，以及太阳房、太阳能热电站、太阳能海水淡化器等等都是通过各种集热器进行能源转换的。

石油、煤炭、天然气、木头等能源目前都是人类大量利用的能源，而这些能源都是通过植物光合作用等方式间接利用太阳能产生的产物。所以，可以毫不夸张地说，太阳是目前人类所能利用的最大的能源来源。而截至目前为止，人们利用太阳能最重要的方式仍然是通过光合作用等间接作用，直接利用太阳能的方式是在 20 世纪前后才真正进入人们日常生活中的。

对太阳能的利用有以下几种基本方式：

1. 太阳能发电：未来太阳能的大规模利用其实就是用来发电。而利用太阳能发电的方式有很多种。目前已实用的主要有光—热—电转换和光—电转换两种。光—热—电转换就是利用太阳辐射所产生的热能发电。一般是用太阳能集热器将所吸收的热能转换为工质的蒸汽，然后由蒸汽驱动汽轮机带动发电机发电。前一过程为光—热转换，后一过程为热—电转

认识我们未来的能源

换；光—电转换则是利用光生伏打效应，将太阳辐射到地面的能量直接转换为电能，它需要的基本装置就是太阳能电池。

2. 光化利用：这是利用太阳的辐射能直接分解水制氢的一种光—化学转换方式。

3. 光热利用：光热利用的基本原理是将太阳的辐射能收集在一起，然后通过与物质的相互作用将其转换成热能并加以利用的方式。目前，平板型集热器、真空管集热器和聚焦集热器等是使用最多的太阳能收集装置。通常情况下，根据所能达到的温度和用途的不同，太阳能光热利用大致可被分为高温利用（＞800℃）、低温利用（＜200℃）、中温利用（200℃～800℃）。

4. 光生物利用：除了以上几种方式之外，还有一种通过植物的光合作用将太阳能转换成为生物质的能源获取方式。目前正在进行研究的主要有速生植物（如薪炭林）、油料作物和巨型海藻。

◎集热器装置的原理

因为阳光是由波长不同的可见光和不可见光组成的，而不同物质和不同颜色对不同波长的光的吸收和反射能力也有所不同。相比较之下，黑颜色吸收阳光的能力是所有颜色中最强的，所以我们仔细观察就会发现棉衣一般都用深色或黑色的布制成的。而白色反射阳光的能力最强，所以夏季的衬衫多是淡色或白

※ 植物在太阳的光合作用下可以获得新的绿色能源

※ 太阳能的光—热—电转换

※ 薪炭林

色的。所以，利用黑颜色其实是可以聚热的。让平行的阳光通过聚焦透镜聚集在一点、一条线或一个小的面积上，也可以达到集热的目的。而纸则因为是白色的，所以在炎热的夏天，不管在多么强的阳光照射下，白色的纸都不会被阳光点燃。然而若利用集光器，把阳光聚集在纸上，就能轻易将纸点燃。集热器的原理其实就是根据这个原因而制成的。

※ 平板集热器

效率比较高的集热器是由收集和吸收装置组成。一般可分为平板集热器、聚光集热器和平面反射镜等几种类型。平板集热器通常是用于太阳能热水器等设备中的。聚光集热器能够使阳光经过聚焦后获得高温，其焦点可以是点状也可以是线状，通常会用于太阳能电站、房屋的采暖（暖气）和空调（冷气）、太阳炉等。平面反射镜则多用于塔式太阳能电站，有跟踪设备，一般和抛物面镜联合使用。当平面镜将阳光集中反射在抛物面镜上的时候，抛物面镜会使其进行聚焦。

◎太阳能可分为两种：

1. 太阳能光伏

可能有些朋友在生活中听说过光伏板，光伏板组件是一种由几乎全部以半导体物料（例如硅）制成的薄身固体光伏电池组成的能够利用太阳能的装置，通常将光伏板暴露在阳光下之后，便会产生直流电的发电装置。但是由于没有可供活动的部分，所以光伏板组件可以长时间操作而不会导致任何损耗。简单的光伏电池可以为手表以及计算机等设备提供能源，较复杂一些的

※ 太阳能光伏系统

光伏系统则可为房屋照明，并为电网供电。光伏板组件可以制成不同的形

状，而组件之间又可进行连接，从而产生更多的电力。最近几年来，随着太阳能能源的兴起，许多建筑的天台或者建筑物表面也开始之间开始使用光伏板组件，还有人将光伏板组件用作窗户、天窗或遮蔽装置的一部分，这些光伏设施通常被称为附设于建筑物的光伏系统。

2. 太阳热能

目前，随着太阳能技术和发展趋势越来越好，太阳热能科技已经能够轻松将阳光聚合在一起，并运用其能量产生热水、蒸气和电力。在具体的聚合过程中，除了运用适当的科技来收集太阳能之外，建筑物本身也可以利用太阳的光和热能，具体的实施方法就是在设计建筑的时候加入合适的装备，例如在向南的巨型窗户或尽量使用一些能够慢慢吸收并释放出更多太阳热力的新型建筑材料。

◎太阳能热的利用

1. 太阳能集热器

太阳能热水器是目前最为普遍的一种利用太阳能源的热水器。它的装置主要包括太阳能集热器、储水箱、管道以及抽水泵等其他部件。太阳能集热器在太阳能热系统中，起到的最大作用就是接受太阳辐射并向传热工质传递热量的装置。按传热工质来分的话，可以分为液体集热器和空气集热器两种；按采光方式则可分为聚光型和聚光型集热器两种。除此之外，还有一种真空集热器。一个稍好一点的太阳能集热器大约能使用 20～30 年左右。但是据统计，在 1980 年之后制作的太阳能集热器大多都能维持 40～50 年左右的时间，而且很少有需要进行维修的。

2. 太阳能热水系统

将水加热是最早也是使用最广泛的太阳能应用，在我们现今的世界上，已经有数百万太阳能热水装置系统为人们提供着温暖的热水。太阳能热水系统是由收集器、储存装置及循环管路三部分组成的。此外，可能还有辅助的能源装置（如电热器等）以供应无日照时使用。另外，可能还会有强制循环用的水，用来控制水位、控制电动部份和温度的装置以及接到负载的管路等。

按照循环方式的不同，太阳能热水系统可分两种：

一种是自然循环式，此种形式的储存箱是置于收集器上方的。水在收集器中接受太阳辐射的加热、温度上升，造成收集器及储水箱中水温不同而产生密度差，因此引起浮力，这一过程能够促使水在除水箱以及收集器中自然流动。由与密度差的关系，水流量于收集器的太阳能吸收量是成正

认识我们未来的能源

比的。此种形式的太阳能热水系统因为不需要循环水，维护起来也非常简单，所以是目前生活中经常被广泛采用的一种太阳能热水器。

另外一种是强制循环式，这种版式的热水系统用水使水在收集器与储水箱之间进行循环。当收集器顶端的水温高于储水箱底部水温若干度的时候，控制装置会自动将启动水使水流动。水入口处设有以防止夜间水由收集器逆流，引起热损失的止回阀。由此种形式的热水系统的流量可以随时得知，而且容易预测性能，亦可推算出若干时间内的加热水量。如在同样设计条件下，其较自然循环方式具有可以获得较高水温的长处；但由于这种方式必须利用水，所以有水电力、维护以及控制装置时动时停，容易损坏水等问题存在。所以一般情况下，大多都是采用自然循环式热水器。只有在大型热水系统或者必须较高水温的情况，才会选择强制循环式。

3. 暖房

太阳能暖房系统是利用太阳能作房间冬天暖房之用，这种取暖的方法在许多寒冷地区已使用了很多年了。由于寒带地区冬季的气温非常低，所以室内必须装有供暖设备，但为了节省大量化石能源的消耗，所以只能设法应用太阳辐射产生的热量。

太阳能暖房系统是由太阳能收集器、热储存装置、辅助能源系统，及室内暖房风扇系统共同组成的，其过程由太阳辐射热传导，经收集器内的工作流体将热能储存，在供热至房间。至辅助热源则可装置在储热装置内、直接装设在房间内或装设于储存装置及房间之间等不同设计。当然亦可不用储热双置而直接将热能用到暖房的直接式暖房设计，或者将太阳能直接用于热电或光电方式发电，在加热房间，或透过冷暖房的热装置方式供作暖房使用。

一般来说，太阳能暖房不仅有热水系统，同时还具备使用热空气的特殊系统。最常用的太阳能热水装置暖房系统，是将热水通至储热装置之中，然后利用风扇将室内或室外的空气驱动至此储热装置中吸热，在把此热空气传送至室内；或利用另一种液体流至储热装置中吸热，当热流体流至室内，在利用风扇吹送被加热空气至室内，而达到暖房效果。

◎有机化的太阳能

随着再生性能源的需求不断上升，且石化原料日渐被人们耗尽，能源带来的危机逐渐开始被人类重视。因为每天太阳投射到地球表面的能量大于地球所需的 1 万倍以上，所以，利用太阳能这个源源不绝的绝佳能源替代方案实在是个不错的好主意！

在美国新泽西州的 Murray Hill 的贝耳实验室里面，出现了一种新的技术用来制造太阳能电池。以往由于太阳能电池的价格昂贵，不能广泛地被大型工业所采用，仅有少数多千瓦电力供应的太阳能电池存在于美国、日本与欧洲。这些电厂因为发电成本较高，所以根本无法像传统燃烧煤炭、天然气与石油一般的便宜。而这种技术不仅可以使太阳能的利用更有效率，而且也更便宜。

在过去，有关太阳能电池的技术与经验发展方面，都必须利用矽晶片来捕获太阳能，但因为其价格昂贵所以无法被广泛的使用。所以，截至目前为止，大多数的太阳能电池仅能用在一些小型的家用电器上面，而并未真正被用到工业方面。但如果在太阳能电池技术方面有了一定的突破之后，太阳能可能就会广泛地被用于各行各业之中了！

目前，对于如何降低太阳能电池价格的发展是分成两个方向进行的，一方面是致力于光线的获取并增加转换效率，另一方面则是专注于制造更现代的高效率电池，开发更便宜的物质或者降低制程的成本。而贝尔实验室的科学家 J. Hendrik Schon 与他的工作伙伴利用含碳基的有机物质 Pentacene 取代了太阳能电池中昂贵的矽。Pentacene 是一种很具潜力的半导体物质，因为当它吸收了光线后的光电转换过程中，能同时传导正与负电荷的两种粒子。研究人员制把 Pentacene 放在一个透明的电极上，另一边则是半导体物质氧化锌，一份白金或者其他的传导物质中，犹如是个三明治般的将 Pentacene 夹在中间，他们并且发现界面的空隙中假如有少量的溴存在，Pentacene 太阳能电池的效率会更佳。他们的这一举措无疑是太阳能技术上的一项创新发明。

Pentacene 太阳能电池的最佳光电转换效率是 4.5%，虽然这个数字听起来并不能使人觉得兴奋，但如果我们换一种方式去思考的话，传统贵重的商用矽电池效率其实也不过就是这种电池的两倍而已。然而 Pentacene 太阳能电池效率虽然不高，但是 Pentacene 的薄膜可以涂抹在塑胶的表面上以增加价格的便宜，而且由于 Pentacene 晶体薄膜是利用蒸气沉淀法才能大量进行制造的，其可以弯曲的特性更可在大范围的区域上使用。所以相比较之下，Pentacene 太阳能电池低效率的缺点，便经由这样的特性而得以抵消了。这种有机物化制造光电池的结果，也一定会使太阳能的利用变得更加便宜并充满更广阔的前景！

| 拓展思考 |

1. 人们利用太阳能能做些什么？
2. 太阳能对我们的生活有什么好处？
3. 你的日常生活中有哪些地方能够用到太阳能？

为什么要重视太阳带给我们的能量

Wei Shen Me Yao Zhong Shi Tai Yang Dai Gei Wo Men De Neng Liang

在各种可再生能源中，太阳能不仅是最重要的基本能源，也是可以供人类利用的最丰富的能源。按照目前太阳的质量消耗速率计，太阳每年投射到地面上的辐射能相当于 1.3×10^6 亿吨标准煤，并可维持 6×10^{10} 年之久。所以，可以说太阳能是一种"取之不尽，用之不竭"的能源。但如何合理地开发利用太阳能，才能降低开发和转化的成本，却是新能源开发中必须面临的一个重要问题！

※ 利用太阳能能源的房子

太阳是一个无比巨大且永无止境的能源之源，每一秒钟的时间里，太阳照射到地球上的能量就相当于 500 万吨的标准煤，一年中，仅太阳无偿提供给地球的能量就相当于 130 万亿吨标准煤的热量，比目前全世界一年所消耗的能量要高出 1 万多倍。据了解，中国具有丰富的太阳能资源。全国陆地表面每年接受太阳能辐射相当于 4.9 亿吨标准煤，全国 2/3 的国土面积日照在 2200 小时以上。如果将所有太阳照射到地球上的能量都全部用于发电的话，约等于 1 万个以上三峡工程发电量的总和。

取之不尽、用之不竭的太阳能和其他一些可再生能源一样，还有一个很大的优点，那就是它对环境的影响很小，几乎没什么影响。据有关的环保专家介绍得知，利用现有的发电技术，每发 1 度电大约需要燃烧约 0.4千克的标准煤，而与此同时，也会有 0.272 千克的粉尘、0.997 千克二氧化碳和 0.03 千克的二氧化硫排放到我们的空气中。而太阳能和风能等可再生的绿色新能源，在开发利用的时候基本上是不会产生任何污染物的，而且也不会产生废渣、废水、废气等有害物质，更没有噪音或者影响生态平衡的不利因素，具有超优越的环保性。

作为一种可再生的新型环保能源，太阳能如今成为了人们生活中的宠

儿,它随时随地都在吸引着人们的眼球,并越来越引起人们的关注。而且,当电力、煤炭、石油等不可再生能源频频告急,能源问题日益成为制约国际社会经济发展的瓶颈时,越来越多的国家为了预防将来有可能出现的能源危机,都已经开始实行"阳光计划",开发太阳能

※ 用太阳能板做屋顶

资源,寻求经济发展的新动力。各国目前都纷纷出台了许多相关的政策和规划,致力于积极发展太阳能产业。

◎太阳能利用的优点

1. 普遍性:

太阳光照射的面积散布在地球大部分角落,仅入射角不同而造成的光能有异,但至少不会被少数国家或地区垄断,造成无谓的能源危机。

2. 永久性:

太阳的能量极其庞大,科学家计算出至少有 600 万年的期限,对于人类而言,这样的时间可谓是无限。

3. 无污染性:

现今使用最多的矿物能源,其滋生的问题不外是废物的处理,物体不灭,能源耗竭越多,产生污染也相对增加,太阳能则无危险性及污染性。

4. 和平性:

在人类与自然和平共处的原则下,使用太阳能最不伤和气,且若设备使用得当,装置成后所需费用极少,而每年至少可生 1×10^1 千瓦的电力。

中国作为一个占地面积约 960 万平方千米的国家,蕴藏着的太阳能资源是极其丰富的。中国有近 2/3 以上的地区年辐射量大于 502 万千焦/平方米,年日照时数在 2000 小时以上,中国陆地表面每年接受的太阳能就相当于 1700 亿吨标准煤,在太阳能利用方

※ 大规模采集太阳能

面的前景也十分广阔。而且,中国目前的太阳能利用进入大规模实用阶段的条件也已经逐渐成熟。相信未来的中国一定会成为世界上产量最大的太

阳能消费品生产国，即便是在国内，也一定会形成十分广阔的农村太阳能产品消费市场！

但值得注意的是，由于中国的太阳能十分分散，而且能源密度较低，所以到达地面的太阳能每平方米只有 1000 瓦左右。同时，到达地面上太阳能还会受季节、昼夜、地理纬度等诸多因素的影响，具有间断性和不稳定性。所以，在利用太阳能方面必须解决好太阳能的采集、太阳能的转换、太阳能的储存、太阳能的传输等几个问题。

▶ **知识万花筒**

现代科学研究表明，太阳是一个巨大的炽热气团，它主要由氢气、氦气和其他元素组成，其中氢气占 78.4%，氦气占 9.8%，金属和其他元素占 1.8%；太阳的表面温度可达 6000℃，内部温度高达 1000 万℃～2000 万℃，内部压力有3400 多亿大气压力，在如此高温高压之下进行着由氢变氦的热聚变反应，从而释放出大量的辐射能，而且这种反应可以维持很长的时间，据估计可达几十乃至上百亿年。相对于人类的生活而言，太阳能可以说是取之不尽、用之不竭的。太阳辐射到地球的陆地表面的能量，一年大约有 17 万亿千瓦，仅占到达地球大气外层表面总辐射量的 10%，即便是这样，它也相当于目前全世界一年内能量消耗总量的 3.5 万倍。

拓展思考

1. 太阳能究竟有多大的能量？
2. 太阳能对环境有什么影响吗？
3. 中国陆地表面每年接受的太阳能相当于多少吨标准煤？

太阳能为什么会发电

Tai Yang Neng Wei Shen Me Hui Fa Dian

如今，在人们生活、工作中，干净的可再生的新能源——太阳能越来越受到人们的青睐。众所周知，太阳能具有广泛的作用，而其中最突出的就是将太阳能转换为电能，太阳能电池就是利用太阳能工作的。而太阳能热电站的工作原理，则是利用汇聚的太阳光，把水烧至沸腾变为水蒸气，然后再用来发电的。

※ 太阳能发电的房子

太阳能发电具有布置简便以及维护方便等特点，应用面较广，现在全球装机总容量已经开始追赶传统风力发电，在德国甚至接近全国发电总量的 5%～8%，随之而来的问题令我们意想不到，太阳能发电的时间局限性导致了对电网的冲击，如何解决这一问题成为能源界的一大困惑。

◎现有能源的缺点

随着经济的不断发展和社会的进步，人们对能源的需求和提出的要求也越来越高，寻找新能源成为当前人类所面临的一个重要问题。现有电力能源的来源一般情况下主要有火电、水电和核电三种。

其中，火电发电需要燃烧煤、石油等化石燃料。一方面由于化石燃料的蕴藏量是有限的，越烧就会变得越少。据估计，全世界石油资源再有 30 年便将枯竭，正面临着枯竭的危险。另一方面则由于燃烧的时候燃料会排出二氧化碳和硫的氧化物，这些有害物质都会导致温室效应和酸雨的产生，从而恶化我们的地球环境。

◎水电的缺点

由于水力发电需要淹没大量的土地，所以极有可能会因此而导致生态环境被破坏，而且大型水库一旦发生塌崩，后果更是不堪设想。除此之

外，一个国家的水力资源也是极其有限的，而且还要受季节和气候等环境因素的影响。

◎核电的缺点

在正常情况下，核电显然要比火力发电和水力发电要干净，但是一旦发生核泄漏，所产生的后果比它们更可怕。前苏联切尔诺贝利就曾发生过核电站泄露的事故，约900万人都因这一事故而受到了不同程度的损害，而且这一影响到目前为止依然没有终止。

◎使用太阳能作为新能源的优势

过去，人们所使用的能源中，有很多其实都是存在很大的弊端和不可再生性的，所以，这种种因素都迫使着人们去寻找新的能源来替代现有的能源。而且新能源还要同时符合蕴藏丰富不会枯竭和安全、干净，不会威胁人类和破坏环境这两个条件。

※ 环保的太阳能能源

目前人们找到的新能源主要有太阳能和燃料电池两种，另外风力发电也可算是一种辅助性的新能源。但是在所有的新能源中，太阳能无疑是最理想的新能源。

在目前所寻找的可再生能源中，太阳能发电堪称是一种最具潜力的能源。因为照射在地球上的太阳能是非常巨大的，大约40分钟左右的时间所照射在地球上的太阳能，就和全球人类一年所消费的能量相差无几。而且太阳能发电是绝对干净，不会产生任何有害物质的。所以，利用太阳能进行发电，无疑是未来最为理想的能源。

太阳能发电还具有以下等多种优点：

1. 不受地理位置限制、无需消耗燃料，无机械转动部件，建设周期短，规模大小随意。

2. 安全可靠、无污染、无噪声、环保美观、故障率低、寿命长。

3. 拆装简易、移动方便、工程安装成本低，可以方便地与建筑物相结合，无需预埋架高输电线路，可免去远距离敷设电缆时对植被和环境的破坏和工程费用。

4. 广泛应用于各种照明电器上，非常适用于乡村、山头、海岛、高速公路等偏僻地方的电子电器和照明上。

◎太阳能发电类型

利用太阳能发电主要有两种类型，一类是太阳光发电，也可以叫做太阳能光发电，另一类是太阳热发电，也可以叫做太阳能热发电。其中，太阳能光发电包括光伏发电、光化学发电、光感应发电和光生物发电四种形式，它是将太阳能直接转变成为电能的一种发电方式。

※ 太阳光发电

◎太阳能发电的应用

由于太阳能发电会受到昼夜、晴雨和季节等环境因素的影响，所以具有一定的不稳定性。但这些问题并非是无法解决的，只需要分散地进行就能够解决所有的问题，所以太阳能发电适于各家各户分别进行发电，而且每一户都要连接到供电网络上，当各个家庭电力富裕的时候，可以将其卖给电力公司，不足的时候则可从电力公司买入。虽然实现这种技术的方法并不难解

※ 太阳热发电

决，但是却需要有相应的法律保障。现在，美国和日本等一些发达的国家都已制定了相应的法律，以便保证进行太阳能发电的家庭的利益，从而鼓励更多的家庭进行太阳能发电。

1992 年 4 月，日本已经初步实现了太阳能发电系统同电力公司电网的联网，而且也有一些家庭开始安装太阳能发电设备。从 1994 年开始，日本通产省还开始以个人住宅为对象，实行对购买太阳能发电设备的费用补助 2/3 的专项制度。

据日本有关的统计部门估算，在日本的 2100 万户个人住宅中，如果

有 80％能够装上太阳能发电设备，那么就可以满足全国总电力需要的 14％左右。如果工厂及办公楼等单位用房也利用资源进行太阳能发电，那么太阳能所发的电将占全国需要消耗电力的 30％～40％。当前，阻碍太阳能发电普及的最主要因素就是费用昂贵。据估算，一般家庭电力需要的 3 千瓦发电系统，安装费用大约在 600～

※ 日本住宅太阳能利用

700 万日元，而且这还不包括安装所需要的工钱。而据有关专家计算，如果安装费用能降到 100～200 万日元时，太阳能发电才能够真正的得到普及。而降低太阳能安装费用的关键，最终还在于提高太阳电池的变换效率并降低其成本。

经过发展，美国德州仪器公司和 SCE 公司宣布，它们已经共同开发出了一种新的太阳能电池，每一单元是直径不到 1 毫米的小珠，它们就像许多蚕卵紧贴在纸上一样，密密麻麻规则地分布在柔软的铝箔上。在大约 50 平方厘米的面积上，就分布着 1700 个这样的单元。这种新电池的变换效率虽然只有 8％～10％，但由于价格便宜。而且其使用的铝箔底衬柔软而结实，还可以像布帛一样随意折叠且经久耐用，只需挂在向阳的地方便可以进行发电，可谓是非常便捷。据称，使用这种新太阳电池，每瓦发电能力的设备只要 1.5～2 美元，而且每发一度电的费用也可降到 14 美分左右，完全可以同普通电厂产生的电力相竞争。如果每个家庭都能将这种电池挂在向阳的屋顶或者墙壁上，那么每年大约就能够获得 1000～2000 度左右的电力。

◎太阳能发电的前景

未来，太阳能发电还有许多更加激动人心的计划。一个是日本所提出的创世纪计划。在这个计划中，日本准备利用地面上的沙漠和海洋面积进行发电，并且还准备通过超导电缆将全球太阳能发电站联成统一的电网以便向全球进行供电。据介绍，到 2000 年、2050 年、2100 年的时候，即使全部用太阳能发电来供给全球能源，占地面积也大约只有 65.11 万平方千米、186.79 万平方千米、829.19 万平方千米。而 829.19 万平方千米虽然

听上去数字很庞大，但事实上，也只是占全部海洋面积的 2.3％或全部沙漠的 51.4％而已，甚至只是占撒哈拉沙漠的 91.5％左右。所以。这一看似疯狂的方案，其实在未来是很有可能实现的！

另外，天上发电方案也是未来太阳能发电的方式之一。早在 1980 年，美国宇航局和能源部就提出了要在空间内建设太阳能发电站的设想，并准备在同步轨道上放一个长 10 千米、宽 5 千米上面布满太阳电池的大平板，这样便可提供 500 万千瓦电力。但由于这中发电形式需要解决向地面无线输电的问题。所以，虽然现在已经提出了用微波束、激光束等各种方案。目前已用模型飞机实现了短距离、短时间、小功率的微波无线输电，但如果要真正实用起来，还是需要一段很漫长的路程的。

随着中国技术的不断发展，截止 2006 年的时候，中国已经有三家企业进入了全球前十名，而这也就标志着中国将成为全球新能源科技的中心之一。由于世界上太阳能光伏的广泛应用，导致目前制作太阳能电池的原材料供应和价格等问题，我们需要在推广技术的同时，继续采用新的技术，以便大幅度降低成本，并为这一新能源的长远发展提供原动力！

现阶段，太阳能的使用主要有太阳能路灯、风光互补路灯、风光互补供电系统、大型并网电站、家庭用小型太阳能电站、建筑一体化光伏玻璃幕墙等几个方面，其中主要的应用方式则是建筑一体化和风光互补系统。

目前，世界上已有近 200 家公司开始生产太阳能电池，但生产设备厂中日企居多。近年来韩国三星、LG 都表示出了想要积极参与的愿望，中国的海峡两岸也同样十分热心。据有关统计显示，中国台湾在 2008 年时，生产的结晶硅太阳能电池就达 2.2 吉瓦之多，而且以后还将以每年 1 吉瓦的生产能力进行扩大。台湾后续已经开始着手生产薄膜太阳能电池，并会大力增强，期待向欧洲"太阳能电池大国"看齐。

近年来，世界太阳能电池市场的发展仍然是高歌猛进，形势一片大好。然而百年不遇的金融风暴所带来的经济危机，同样也是压在太阳能电池市场头上的一片乌云。为此，德国 Q-Cells 的业绩应声下调，并预计较长一段时间内，世界太阳电池市场也会因需求量下降而产生疲软现象。但与此同时，人们也看到美国总统奥巴马上台之后，便很快施行 Green New Deal 政策，其中对绿色能源的计划约有 1500 亿美元的补助资金，日本也在陆续推行补助金相关的制度来促进太阳能电池的普及和应用。

知识万花筒

太阳能热发电是先将太阳能转化为热能，再将热能转化成电能，它有两种转化方式。一种是将太阳热能直接转化成电能，如半导体或金属材料的温差发电，真空器件中的热电子和热电离子发电，碱金属热电转换，以及磁流体发电等。另一种方式是将太阳热能通过热机（如汽轮机）带动发电机发电，与常规热力发电类似，只不过是其热能不是来自燃料，而是来自太阳能。

拓展思考

1. 你知道太阳能为什么会发电吗？
2. 太阳能的发电原理是什么？

认识我们未来的能源

领军未来洁净能源的主力军

Ling Jun Wei Lai Jie Jing Neng Yuan De Zhu Li Jun

传统的飞机在飞行过程中需要耗费大量的油料能源，而且我们知道飞机本身的载油量也是十分有限的，所以飞机每次航行的时间和距离都受到了较大限制；同时由于高空的空气稀薄，导致飞机的发动机功率下降，从而使飞机的飞行高度也受到了一定限制。为了彻底解

※ 太阳能飞机

决这一难题，人类经过不断地探寻和努力，发明了一种依靠太阳能作动力的飞机，可是它究竟能否实现人类长时间在天空翱翔的梦想呢？太阳能又是否能够成为未来空战中的新能源主角呢？

古时候，人类就曾想象着能够像鸟儿一样在天空中翱翔。直到后来，美国的莱特兄弟发明了飞机，才将人类的这一美好愿望变成了现实。自从有了飞机之后，解决了人类出行中的很多问题，例如时间、路线……为人们提供了很大的方便。但是与此同时，地球之上的天空却再也不复往日的安静了。

从最初的螺旋桨飞机，到后来的喷气式飞机；再从微型的单座飞机，到今天可以承载数百人的大型客机；从刚开始将步枪搬上飞机，到现代的隐形战斗轰炸机，各种各样的新型飞机层出不穷，不仅把天空装扮得五彩缤纷，同时也不断延伸着人类的飞行梦。

如今人们正在研究的太阳能飞机，其实是以太阳的辐射光作为飞机消耗能源的新型技术。太阳能飞机的动力装置是由太阳能电池组、减速器、螺旋桨、直流电动机和控制装置组成的。但是为了能够获取足够多的太阳能能源，飞机的机翼面积在设计的时候就会特别制作得稍大一点。

目前我们所使用的太阳能电池，通常都是采用低成本的硅制成的，其能量的转换效率约为 13% ，更耐辐射一些的砷化镓的能量转换效率则为

19%。太阳能电池是利用光电可以转换的原理，将太阳所辐射的光通过半导体物质转变成电能的一种先进装置。现代先进的太阳能电池主要有薄膜、多晶（或非晶）硅多带隙（MBG），它们的效率不仅比原来的太阳能电池要高很多，而且成本也低，还更耐辐射一些。据有关的研究表明，目前最好的太阳能电池转换效率已经高达27%左右。

※ 太阳能硅板电池

目前，能够应用在轻型飞机上的太阳能电池，通常厚度约为125微米，其覆盖层厚25微米，密封层厚50～100微米，每千克太阳能电池可以产生200瓦的电力。如果采用5微米的超薄砷化钾做太阳能电池，那么输出的电力则会更高一些。但如果使用复合材料制成的光学设备和结构的太阳能电池阵列，则能够提供2570瓦的电力，其功率大约为每千克60瓦左右。

从理论上来说，太阳能飞机能够有效地避免传统机载燃料给飞机造成的负担，可以在空中连续飞行至少一昼夜、数天甚至是更长的时间。这种飞行时间的改变和延长，无疑会对科学研究或者军事应用带来很好的发展前景。但据有关的科研人员说，为了使飞机能够在夜间飞行，就必须寻找更多能够积聚、保存白天能源的储存方式，而这也是未来进一步发展太阳能无人机技术中所面临的一个重要难题。

目前在世界上通用的飞机之中大部分都是使用吸气式发动机为其提供动力的，而这种飞机有一个致命的弱点就是一旦遇到高空空气稀薄的时候，发动机的功率就会迅速下降。所以现有飞机在飞行高度和持续飞行能力方面，都很难得到进一步提高，而以太阳能为动力的飞机，则完全可以弥补这些不足和遗憾，太阳能飞机不仅能飞得更高、更远，而且飞行时间也会更长。也正是由于太阳能飞机所具有的这些优点，才使得太阳能无人机在环境监测、资源调查研究，甚至是军事预警等诸多方面都有着十分广泛的用途。比如：在发生洪涝灾害、森林火灾、地震等灾害时，它就可以代替中断的通信设施，使受灾地区能够及时与外界取得联络；另外，太阳能飞机还能在台风上空飞行，并随时跟踪和检测暴风雨情况；此外，它还

能到核爆炸现场采取样本，在预定的空域上长时间盘旋侦查以获取详细具体的敌情，为战机指引攻击的目标。鉴于太阳能飞机所具备的多重优势，美国、日本、以色列等在太阳能方面技术较为发达国家，目前也都在积极地对太阳能飞机进行研究。

▶ 知识万花筒

　　在人类未来的生活中，太阳能的利用会使我们的生活更加洁净、环保、方便。而且目前也已经有很多国家开始利用太阳能技术进行发电了，但由于用太阳能发电的成本目前仍处于较高的阶段，所以，人类想要广泛使用太阳能的话，还需要更进一步的探索和研究。相信在不久的将来，太阳能不仅能提高我们的生活水平，使我们的环境更美丽，也一定会为人类带来越来越多的益处！

拓展思考

1. 你相信太阳能飞机的存在吗？
2. 目前最常见的太阳能电池材料是什么？
3. 太阳能发电的飞机为什么要白天飞行？

认识我们未来的能源

形

形色色的海洋新能源

第三章

　　海洋能就是海洋中的一切可再生能源。海洋通过各种各样的物理过程接收、储存和散发出的能量都可以称作是海洋能。这些能量大多以潮汐、波浪、温度差、盐度梯度、海流等不同的形式存在于海洋之中。它们的种种优点和能量也吸引着人类对其进行积极的研究。

海洋能源

Hai Yang Neng Yuan

※ 广阔的海洋

海洋也被叫做能量之海，是公认的地球上最后的资源宝库。海洋在为人类提供水资源、食品、矿物及生存空间等多个方面都发挥着重要的作用，而在未来的时间里，海洋能源也将向我们人类提供源源不断的能量，在人类的能源消耗中扮演重要的角色。海洋能源通常指海洋中所蕴藏的可再生的自然能源，主要为潮汐能、波浪能、海流能（潮流能）、海水温差能和海水盐差能。

在广阔的海洋之中，不仅蕴藏着丰富的矿产资源和食物资源，还有一种能够为人类带来更多能量且取之不尽的海洋能源。这里所说的海洋能源和海底所储存的石油、煤、天然气等海底能源资源有很大的不同，也有别于溶于水中的锂、镁、铀、重水等化学能源资源，它有自己独特的方式与形态，魅力无穷。而其形态的最终表现方式，就是波浪、海流、潮汐、盐度差、温度差等方式表达出的动能、势能、热能、物理化学能等能源。换种简单的说法其实也就是波浪能、海流能、潮汐能、海水盐差能、海水温差能等。这是一种永远都不会枯竭的可再生性能源，而且这种能源不会对人类的生存环境造成任何污染。

从广义角度上来说，海洋能源还包括海洋表面的太阳能，海洋上空的风能以及海洋生物质能等多种能源。因为除了潮汐能和潮流能是来源于太阳和月亮对地球的引力引起的变化之外，其他的能源均源自于太阳的辐射。如果按照储存形式来划分的话，海洋能源又可分为机械能、热能和化学能。其中，海流能、波浪能和潮汐能属于机械能，海水温差则属于热能，海水盐差则属于化学能的范畴。

如果从技术和经济上的可行性，以及可持续发展的能源资源和地球环境的生态平衡等方面进行分析的话，海洋能中的潮汐能作为一项成熟的技

术，在未来有可能会得到更大规模的利用；近期波浪能主要是固定式的，一旦要进行大规模地利用就要发展成为漂浮式，但就目前的形式来看，势必会逐步发展成为一个热门行业的。另外，可作为战略能源的海洋温差能将得到更进一步的发展，并将与海洋开发综合实施，建立海上独立生存空间和工业基地；潮流能也将在局部地区得到规模化应用。

◎海洋能源的含义及特点

相对于其他能源来说，海洋能有四个比较显著的特点。

1. 海洋能占海洋总水体的一大部分，而单位面积、单位体积、单位长度所拥有的能量都比较小。这也就是说，要想得到大量的海洋能源，就要从大量的海水中获得。

2. 海洋能具有可再生性的优点。海洋能源既不用烧煤，也不用烧油，它是来源于太阳辐射能与天体间的一种万有引力，只要太阳、月亮等天体与地球一直存在，这种能源就永远都不会枯竭。

3. 所有的海洋能源并不是都具有一种特性，海洋能有较稳定与不稳定能源的区别。其中温度差能、盐度差能和海流能属于比较稳定的能源。其他不稳定的能源又可以分为两种，一种属于有规律变化，一种则是无规律变化。潮汐能与潮流能就属于不稳定但变化有规律的能源。因为人们在现实生活中，可以根据潮汐、潮流等的变化规律，编制出各地逐日逐时的潮汐与潮流预报，提前预测出未来所发生的潮汐大小与潮流强弱，所以潮汐电站与潮流电站就可以根据预报表调整发电运行情况。而波浪能恰恰相反，属于既不稳定又没有规律的一种。

4. 海洋能属于新型的清洁能源，使用它发电不必消耗燃料，也不产生废物、废液、废气，不需要运输。开发海洋能源不会产生新的污染，对环境的影响小于传统的能源开发产业，而且利大于弊。可说是最具绿色环保理念的"蔚蓝力量"。

※ 蔚蓝的海洋

海洋是人类生命的摇篮，蔚蓝的海水不仅为人类提供宝贵的水资源，而且蕴藏着丰富的化学资源。所以，只要人类加强对海水资源的开发和利用，不仅能解决沿海和西部苦咸水地区淡水危机和资源短缺的问

题，而且还有望使国民经济可持续发展得到一定的提高。

知识万花筒

·中国在开发海洋能源方面有何优势？·

中国是世界上海流能量资源密度最高的国家之一，所以中国在发展海流能方面其实是具有良好的资源优势的。海流能也应先建设百千瓦级的示范装置，解决机组的水下安装、维护和海洋环境中的生存问题。海流能和风能有个很大的共同点，就是两者都可以发展"机群"，以一定的单机容量发展标准化设备，从而达到工业化生产以降低成本的目的。

中国的海洋能利用，近期应重点发展百千瓦级的波浪、海流能机组及设备的产业化；结合工程项目发展万千瓦级潮汐电站；加强对温差能综合利用的技术研究，中、长期可以考虑的是，万千瓦级温差能综合海上生存空间系统，中大型海洋生物牧场。必须强调的是，海洋能的利用是和能源、海洋、国防和国土开发都紧密相关的领域，应当从发展和全局的观点来考虑。

拓展思考

1. 海洋也有神奇的力量吗？
2. 海洋能源主要指的是什么能源？
3. 为什么说海洋能源是清洁能源？

认识我们未来的能源

潮汐现象也是一种能源

Chao Xi Xian Xiang Ye Shi Yi Zhong Neng Yuan

所谓潮汐能，其实就是因月球引力的变化而引起潮汐现象，由于潮汐现象会导致海水平面周期性地升降，所以海水涨落及潮水流动时就会产生一种能量——潮汐能。潮汐能包括潮汐和潮流两种运动方式所包含的能量，其利用原理和水力发电有些相似。潮汐能指的是海水潮涨和潮落形成的水的势能与动能，是以势能形态出现的海洋能。

※ 潮汐现象

潮汐能是指海水潮涨和潮落形成的水的势能，它是潮水在涨落中蕴藏着的巨大能量，这种能量是永恒的、无污染的能量。潮汐能的能量与潮量和潮差是成正比的，换言之，潮汐能与潮差的平方和水库的面积是成正比的。如果和水力发电相比，潮汐能的能量密度相对是较低的，相当于微水头发电的水平。

◎潮汐能的来源与形成

海洋的潮汐中蕴藏着巨大的能量。在涨潮的过程中，汹涌而来的海水具有很大的动能，而随着海水水位的升高，就把海水的巨大动能转化为势能；在落潮的过程中，海水奔腾而去，水位逐渐降低，势能又转化为动能。作为完整的潮汐科学，其研究对象应将地潮、海潮和气潮作为一个统一的整体，但由于海潮现象十

※ 潮汐

分明显，且与人们的生活、经济活动、交通运输等关系密切，因而习惯上

将潮汐能一词狭义理解为海洋潮汐。

潮汐能是由潮汐现象产生的能源，它是由日、月引潮力的作用，使地球的岩石圈、水圈和大气圈中分别产生的周期性的运动和变化的总称。潮汐能与天体引力有关，地球－月亮－太阳系统的吸引力和热能是形成潮汐能的来源。固体地球在日、月引潮力作用下引起的弹性－塑性形变，称固体潮汐能。

世界上潮差的较大值约为 13～15 米，但一般情况下，平均在 3 米以上的潮差就有其实际的应用价值。另外，潮汐能也是因地而异的，不同地区的潮汐系统常常也有很大不同，他们都是从深海潮波获取能量，但具有各自独特的特征。但潮汐虽然很复杂，但就目前的技术来说，对于任何地方的潮汐都是可以进行准确预报的。

潮汐是海平面周期性变化的一种自然现象，由于受月亮和太阳这两个万有引力源的作用，海平面每昼夜就会有两次的涨落。潮汐作为一种自然现象，不仅为人类在航海、捕捞和晒盐等多方面提供了方便，而且它还可以转变成电能，给人们带来光明和动力。另外，发展像潮汐能这样的新能源，不仅能够有效地解决人类目前所面临的能源危机，还可以间接使大气中的二氧化碳含量的增加速度减慢。

目前潮汐能的利用方式目前主要是发电。因为潮汐能可以像水能和风能一样用来推动水磨、水车等，也可以用来发电。利用潮汐能发电，首先要做的就是在海湾或河口建筑拦潮大坝。人们利用海湾、河口等有利的地形，建筑水堤，形成水库，以便于大量蓄积海水，然后在坝中或坝旁建造水利发电厂房，最后通过水轮发电机组利用潮汐时的水位差使海水带动水轮机发电进行发电。建成潮汐发电站后还有利于海产养殖业的发展。但是并不是所有地方都适合潮汐发电，只有在地理条件适于建造潮汐电站的地方，等待出现大潮且能量集中的时候，才能从潮汐中提取能量。尽管这样的场所并不是到处都合适，但目前世界各国都在竭力寻找，并已选定了相当数量的适宜开发潮汐电站的站址。

在整个世界范围内，潮汐能主要多分布在像加拿大的芬迪湾、巴西的亚马逊河口、南亚的恒河口和中国的钱塘江口等潮差较大的喇叭形海湾和河口地区，这些地区都蕴藏着大量的潮汐能。

潮汐能的大规模利用涉及大型的基础建设工程，在融资和环境评估方面都需要相当长的时间。大型潮汐电站的研建往往需要几代人的努力。因此，应重视对可行性分析的研究。目前，还应重视对机组技术的研究。在投资政策方面，可以考虑中央、地方及企业联合投资，也可参照风力发电的经验，在引进技术的同时，由国外贷款。

中国的海岸线的长度大约为1.8万千米，拥有十分丰富的潮汐能资源。在潮汐能资源的开发方面，中国的一些沿海地区目前已经修建了一些中小型潮汐发电站。在温岭江厦港，就有一座中国规模最大的潮汐发电站——江厦潮汐发电站，它不仅是中国最大的潮汐发电站，也亚洲第一大潮汐发电站，即便是在世界上也是排名第三的大型发电站。由于潮汐发电站和潮水涨落的情况有很大的关系，所以具有很大的不稳定性，而且海水对水轮机及其金属构件的腐蚀及水库泥沙淤积问题也十分严重。这些问题都是利用潮汐发电急需解决的障碍，也只有将这些问题都解决掉，才能更好地利用潮汐能来为人类服务。

※ 潮汐能涡轮机

◎潮汐能的发电原理及形式

潮汐发电与普通水利的发电原理基本上是相似的，都是在涨潮的时候通过出水库将海水储存在水库内，以势能的形式保存，然后再在落潮的时候释放出海水，利用高、低潮位之间的落差推动水轮机飞快地旋转，带动发电机进行发电。唯一的差别就是海水与河水流量和体积有很大不同，蓄积的海水虽然落差不大，但流量较大，并且呈间歇性，所以潮汐发电的水轮机结构要适合低水头、大流量等特性。

潮水的流动与河水的流动有很大的不同，它是会不断变换方向的，所以潮汐发电也有三种不同的发电形式：第一种是单库单向电站，这种潮汐发电站其实就是用一个水库，仅在涨潮（或落潮）时发电，中国浙江省温岭市沙山潮汐电站就是这种类型。第二种是单库双向电站，这种发电方式虽然也是用一个水库，但是涨潮与落潮时均可以发电，只是在平潮时不能发电，中国广东省东莞市的镇口潮汐电站和浙江省温岭市江厦潮汐电站，就是这种形式的

※ 潮汐发电

潮汐发电站。第三种是双库双向电站，它是用二个相邻的水库，使其中一个水库在涨潮时进水，另一个水库在落潮时放水，由于这种情况下前一个水库的水位总比后一个水库的水位高，所以前者称为上水库，后者称为下水库。水轮发电机组是放在两个水库之间的隔坝内的，两个水库也始终保持着水位差，所以全天都可以进行发电。

◎利用潮汐发电需要具备的条件：

第一，潮汐的幅度必须大，至少要有几米。

第二，海岸的地形必须能储蓄大量海水，并可进行土建工程。

▶知识万花筒

利用潮汐能发电是人类目前利用潮汐能的最常见的途径。利用潮水的涨、落产生的水位差进行发电的潮汐发电虽然和常规水力发电的工作原理类似，都是利用水本身所具有的势能来发电的，但是它又有其独特之处。所以，只有在有条件的海湾或感潮河口建筑堤坝、闸门和厂房，将海湾或者河口与外海隔开围成水库，并在闸坝内或发电站厂房内安装水轮发电机组才能进行正常的发电。海洋潮位周期性的涨落过程曲线类似于正弦波。对水闸适当地进行启闭调节，使水库内水位的变化滞后于海面的变化，水库水位与外海潮位就会形成一定的高度差，从而才能驱动水轮发电机组发电。从能量的角度来看，潮汐发电其实就是将海水的部分势能和动能，通过水轮发电机组转化成为电能的一种过程和方式。

拓展思考

1. 潮汐是什么？
2. 为什么潮汐能够发电？
3. 你知道潮汐发电都需要具备什么条件吗？

认识我们未来的能源

什么是波浪能

Shen Me Shi Bo Lang Neng

顾名思义，波浪能就是海洋表面波浪所具有的动能和势能。波浪能是由风把能量传递给海洋而产生的，它实质上是吸收了风能而形成的，所以波浪能的能量传递速率和风速有很大的关系，也和风与水相互作用的距离有关。它所产生的能量与波高的平方、波浪的运动周期以及迎波面的宽度都是成正比的。波浪能是所有的海洋能源中，能量最不稳定的一种。

※ 翻涌的波浪

波浪的破坏力是十分惊人的。据有人统计证实，扑岸巨浪不仅曾将几十吨的巨石抛到 20 米的高空中，把护岸的两、3 千吨重的钢筋混凝土构件翻转，还曾把万吨的轮船举上海岸。所以，目前的许多如防浪堤、码头、港池等海港工程，都是按照防浪的标准来进行设计的。

※ 波浪

在波澜壮阔的海洋上，再大的巨轮在波浪中也只能像一个小木片那样上下漂浮。大浪可以倾覆巨轮，也可以把巨轮折断或扭曲。如果说波浪的波长正好等于船的长度，那么当波峰在船中间时，船首和船尾就正好是波谷，此时船就会发生"中拱"现象。当波峰在船头、船尾的时候，中间是波谷，此时船就会发生"中垂"。一拱一垂就会像折铁条那样，几下子便把巨轮拦腰折断。在 20 世纪 50 年代时，就发生过一艘美国巨轮在意大利海域被大浪折为两半的海难。此时，如果船长有经验的话，只需要稍稍改变航行方向，就可以轻易化解这次灾难，因为航向改变即改变了波浪的"相对波长"，就不会发生轮船的中拱和中垂了。但由于船长没有此种经验，所以才导致了一场巨大的灾难。

◎波浪能的开发

有如此巨大能量又存在如此广泛的波浪，自古便吸引着诸多沿海的能工巧匠们，想尽一切办法，想要将海浪的能源利用起来供人们使用。波浪所蕴涵的能量主要指的就是海洋表面波浪所具有的动能和势能。台风导致的巨浪，其功率密度可达每米迎波面数千千瓦，而波浪能丰富的欧洲北海地区，其年平均波浪功率也仅为 20～40 千瓦/平方米中国海岸大部分的年平均波浪功率密度为 2～7 千瓦/平方米。水力可以满足全世界 3 倍的能源。全世界波浪能的理论估算值也为 109 千瓦量级。中国沿海理论波浪年平均功率约为 1.3×10^7 千瓦。但由于不少海洋台站的观测地点处于内湾或风浪较小位置，故实际的沿海波浪功率要大于此值。其中浙江、福建、广东和台湾沿海为波能丰富的地区。但究竟应该怎样对波浪能进行开发呢？

将波浪能收集起来并转换成电能或其他形式能量的波能装置有设置在岸上的和漂浮在海里的两种。按能量传递形式分类有直接机械传动、低压水力传动、高压液压传动、气动传动四种。其中气动传动方式采用空气涡轮波力发电机，把波浪运动压缩空气产生的往复气流能量转换成电能，旋转件不与海水接触，能作高速旋转，因而发展较快。波力发电装置五花八门，不拘

※ 大量的波浪能

一格，有点头鸭式、波面筏式、波力发电船式、环礁式、整流器式、海蚌式、软袋式、振荡水柱式、多共振荡水柱式、波流式、摆式、结合防波堤的振荡水柱式、收缩水道式等多种。

◎人们该如何利用波浪能？

目前波浪能利用被称为"发明家的乐园"，因为全世界波浪利用的机械设计可谓是数以千计，获得专利证书的也高达数百件。1799 年法国人吉拉德父子是最早获得波浪能利用机械发明专利的。后来在 1854～1973 年这 119

年间，英国又陆续登记了 340 项波浪能发明专利，其中有 61 项属于美国。而在法国，则能够查到 600 种有关波浪能利用技术的说明书。

气动式波力装置是早期海洋波浪能发电付诸实用的设备装置。其原理就是利用波浪上下起伏的力量，通过压缩空气，推动汲筒中的活塞往复运动而做功。1910 年法国的布索·白拉塞克在其海滨住宅附近建了一座气动式波浪发电站，供应其住宅 1000 瓦的电力。这个电站装置的原理，实际上就是将与海水相通的密闭竖管中的空气因波浪起伏而被压缩或抽空稀薄，从而驱动活塞做往复运动，然后在最终转换成发电机的旋转运动，从而发出电力。

20 世纪 60 年代的时候，日本用于航标灯浮体上的气动式波力发电装置研制成功。后来，此种装置正式投入批量生产，产品额定功率从 60 瓦到 500 瓦不等。这些产品除了日本自用外，还有部分出口其他国家，成为仅有的少数化波能装备商品之一。

该产品的发电原理其实就像是一个倒置的打气筒，靠的是波浪上下往复运动的力量吸、压空气，从而推动涡轮机发电。

据有关专家估计，目前用于海上航标和孤岛供电的波浪发电设备就有数十亿美元的市场需求。这种现状很大地促进了一些国家波力发电的研究。70 年代以后，英国、日本、挪威等多个国家为波力发电方面的研究投入了大量的人力、物力，成绩也最显著。英国曾计划在苏格兰外海波浪场，大规模布设"点头鸭"式波浪发电装置，供应当时全英所需的电力。但最终由于装置结构过于庞大复杂成本过高，而使得这个雄心勃勃的计划暂时搁置。80 年代，日本"海明"波浪发电试验船，并取得了年发电 19 万度的良好成绩，实现了海上浮体波浪电站向陆地小规模送电。如今，日本依然将"海明"波浪发电船列为"离岛电源"的首选方案，并继续进行研究和改进。

中国目前的波力发电研究成绩也比较突出。自 70 年代以来，上海、青岛、广州和北京的五六家研究单位也都陆续开展了此项研究。目前不仅用于航标灯的波力发电装置已经投入批量生产，而且向海岛供电的岸式波力电站也正在试验之中。

◎波浪能是怎么发电的？

波浪能是指海洋表面波浪所具有的动能和势能。利用波浪能发电是一种通过波浪能装置，先将波浪能转换为机械能（液压能），然后再转换成为电能。这一技术是从 20 世纪 80 年代初开始兴起的，西方海洋大国目前也正利用各种新技术优势纷纷展开了实验。

认识我们未来的能源

波浪能不仅是一种取之不竭的可再生清洁能源，并且具有能量密度高、分布面广等诸多优点。尤其是在能源消耗较大的冬季，也是能够大量利用波浪能能量的时候。目前，小功率的波浪能发电，在导航浮标、灯塔等项目中已经获得了一定的推广和应用。中国有广阔的海洋资源，波浪能的理论存储量为7000万千瓦左右，沿海波浪能能流密度大约为每米2～7千瓦。在波浪

※ 利用波浪能发电的旋转器

能能流密度较高的地方，每1米海岸线外的波浪能流的能量就足可以为20个家庭提供照明用电。

波浪能是由风把能量传递给海洋而产生的，它事实上是吸收了风能而形成的，在风较多的沿海地带，波浪能的密度通常都很高。波浪能之所以能够发电是通过波浪能装置，将波浪能首先转换为机械能，在最终转换成电能。这一技术源自于20世纪80年代初，西方海洋大国利用新技术优势纷纷展开实验，但受客观条件和技术影响，所取得的效果效益有好有差。

波浪能的能量传递速率不仅和风速有很大的关系，而且还和风与水的相互作用以及距离都有一定的关系。水团相对于海平面发生位移时，会使波浪具有一定的势能，而水质点的运动，则会使波浪具有动能。储存的能量在摩擦和湍动之后便会逐渐消散，而其消散速度的大小最终也是取决于波浪特征和水深的。相对来说，深水海区大浪的能量消散的速度会较慢一些，从而会导致波浪系统有一定的复杂性，而且还会使波浪常常伴有局地风或者受到几天前在远处产生的风暴的影响。波浪可以用波长、波高以及波周期等特征来进行描述。

一般情况下，波浪能的主要利用方式就是波浪发电，辅助的还可以用来进行供热、抽水、海水淡化以及制氢等。在波浪能的利用中，最关键就是波浪能转换装置。波浪能通常都要经过三级转换：其中第一级为受波体，它的作用是将大海的波浪能吸收进来；第二级则为中间转换装置，它是用来优化第一级转换的，并产生出足够稳定的能量；第三级才是发电装置，这种发电装置与其他的发电装置基本相同。

世界上最强的风力要数南半球和北半球40°～60°纬度间的风力。由于低速风比较有规律，所以赤道两侧30°之内的信风区的低速风也会产生很有吸引力的波候。通常在盛风区和长风区的沿海，波浪能的密度一般都很

高。例如，美国西部沿海、英国沿海、和新西兰南部沿海等都是风区，有着特别好的波候。另外，在中国的浙江、广东、福建和台湾沿海都是波能比较丰富的地区。

　　由于可供利用的波浪能资源仅局限于靠近海岸线的地方，隐藏在大洋中的波浪能非常难提取。但即使是这样，在条件比较好的沿海区的波浪能资源贮量大概也超过 2 太瓦。据估计，全世界可开发利用的波浪能达 2.5 太瓦。中国沿海有效波高约为 2～3 米、周期为 9 秒的波列，波浪功率可达 17～39 千瓦/米，渤海湾更高达 42 千瓦/米。波浪能集还有能量密度高、分布面广泛等诸多优点，特别是在能源消耗较高的冬季，可以利用的波浪能能量也是最大的。

知识万花筒

　　在经历了十多年的示范应用之后，波浪能正在稳步地向商业化应用的方向发展，而且在降低成本和提高利用效率方面仍有很大的技术潜力。依靠波浪技术、海工技术以及透平机组技术的发展，在未来 5～10 年左右的时间内，波浪能利用的成本可望在目前的基础上下降 2～4 倍左右，从而达到每千瓦装机容量成本低于 1 万元人民币的水平。

　　与国外的一些先进水平相比之下，中国在波浪能技术发展方面的差距并不大。而且如果按照世界上波能丰富地区的资源仅是中国的 5～10 倍，以及中国在制造成本上的优势来考虑的话，中国未来在发展外向型的波能利用行业其实是大有可为的，并且已在小型航标灯用波浪发电装置方面有良好的开端。所以当前应加强百千瓦级机组的商业化工作，经小批量推广后，再根据欧洲的波能资源，设计制造出口型的装置。由于资源上的差别，中国的百千瓦级装置，经过改造之后，在欧洲甚至可以达到兆瓦级的水平，单位千瓦的造价则可望下降到原来的 1/2～1/3 左右。

　　在广阔的大海中，海洋表面的海水能够大面积地受太阳辐射给予的热量，所以说海水是世界最大的太阳能收集器。温暖的地表海水和深海的海水之间还有一定的温差，当风吹过海洋的时候会产生风波，而这种风波在辽阔的海洋表面上产生的风能以自然储存于水中的方式进行能量转移，所以，波浪能其实也是太阳能浓缩之后的另一种形态。

拓展思考

1. 你知道波浪能是什么吗？
2. 波浪能是怎样发电的？
3. 为什么波浪能是最不稳定的一种能源？

海流能的开发价值

Hai Liu Neng De Kai Fa Jia Zhi

所谓的海流其实主要指的是海底水。简单来说，海流所存储的动能就是海流能。由于海流能的能量与流速的平方和流量是成正比的。所以如果与波浪能相比的话，海流能的变化要更加平稳且有规律。所以，海流能有着很大的开发价值。

人们利用海流能能源最主要的方式其实就是发电。1973年美国就研制出了一种名叫"科里奥利斯"的巨型海流发电装置。这种装置是一种机组长110米，管道口直径170米，需要安装在海面下30米处的一种管道式水轮发电机。当海流的流速能够达到 2.3 米/秒 的时候，该装置获得8.3万千瓦的功率。此外，日本和加拿大等一些拥有辽阔海域的国家也在大力研究和试验海流发电技术。截止目前为止，中国的海流发电研究也已经由样机进入了中间试验的阶段，海流能的未来发展前景可谓是不可限量的。

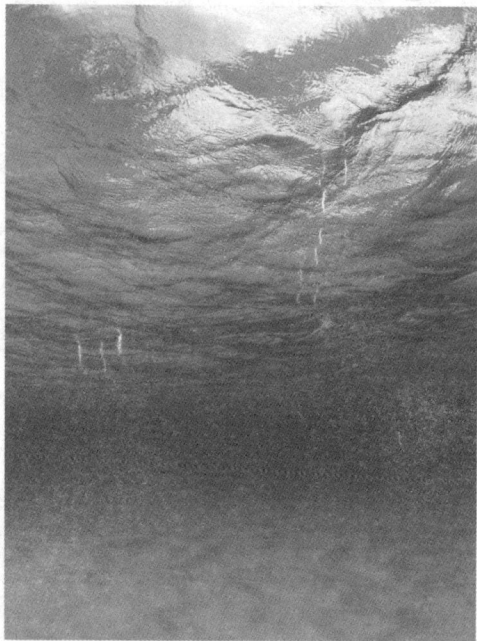

※ 海底的流动

海流指的是其实就是河道和海峡中较为稳定的流动，以及由于潮汐而导致的有规律的海水流动。其中有一种海水环流指的是大量的海水从一个海域长距离地流向另一个海域。这种海水环流通常情况下是由两种因素引起的：首先，由于海面上常年吹着方向不变的风，如赤道南侧常年吹的都是东南风，而其北侧则是一成不变的东北风。当风吹动海水的时候，水的表面就会运动起来，而水的动性又会将这种运动传到海水深处。随着深度

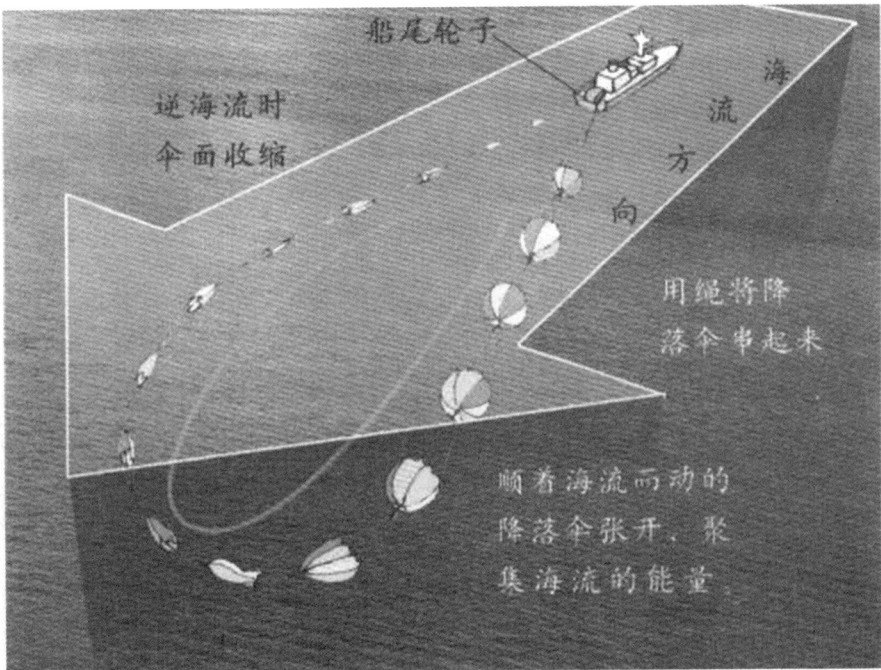

※ 伞式海流能发电示意图

的不断增加，海水流动的速度也会有所降低；有时海水流动的方向也会随着深度增加而逐渐改变，甚至还会出现下层海水流动方向和表层海水流动方向相反的情况。在太平洋和大西洋的南北两半部以及印度洋的南半部占主导地位的风系，会造成了一个广阔的、按反时钟方向旋转的海水环流。在低纬度和中纬度的海域之中，风是形成海流的主要动力。其次，由于不同海域的海水温度和含盐度有所不同，所以它们也会影响海水的密度。当海水的温度越高，含盐量也就越低，而海水密度也就随之越小。这种两个邻近海域由于海水的密度有所不同也会造成海水环流的现象。当海水流动时，会产生巨大能量。

据有关专家估算，全球的海流能高达 5 太瓦。而且相比陆地上的江河来说，利用海流发电也要方便得多，它既不会受到洪水的威胁，又不会受到干旱的影响，而且几乎常年都是以不变的水量和一定的流速流动的，为人类提供了可靠的能源。

除了以上所说的类似江河电站管道导流的水轮机之外，利用海流发电还可以是类似风车桨叶或者风速计那样机械原理的发电装置。一种海流发电站，可以有许多成串地转轮安装在两个固定的浮体之间。它们在海流的

冲击下，会呈半环状张开，看上去很像美丽的花环，所以也被人们称为花环式海流发电站，这种发电站也是目前海流发电站最常用也是最主要的形式之一。

知识万花筒

既然茫茫的大海中全都是水，那么又为什么会形成海流呢？其实形成海流的真正原因大致上可以分为三种，其中最主要的一个原因就是风，当盛行风吹拂海面的时候，会推动海水随风飘动，并且使上层海水带动下层海水流动，这样形成的海流就被称为风海流或者漂流。但是这种海流却有一个特点，那就是它会随着海水深度的增大而加速减弱，最终可能会小到完全可以忽略的程度。第二种海流则是因为不同海域海水温度和盐度的不同，而导致的海水的流动，这种海流也叫做密度流。比如在直布罗陀海峡处，地中海的盐度比大西洋要高一些，所以，在水深500米的地方，地中海的海水经直布罗陀海峡流向大西洋，而在大洋表层，大西洋的海水则冲向地中海，补充了地中海海水的缺失。另外，形成海流的还有其他一些原因，比如地转流、河川泻流、补偿流、顺岸流、裂流等。

拓展思考

1. 什么是海流能？
2. 海流能够为我们的生活带来什么？
3. 你知道海流是怎样形成的吗？

认识我们未来的能源

海洋的温差也是一种能力

Hai Yang De Wen Cha Ye Shi Yi Zhong Neng Li

海洋温差能也叫海洋热能。它是一种利用海洋中受太阳能加热的暖和的表层水，和较冷的海洋深处的水之间所存在的温差进行发电而获得的能量。在南北纬30°这个区间的大部分海面，表层和深层海水之间的混养都在 20 度左右；如果在南、北纬 20 度的海面上，每隔 15 千米建造一个海洋温差发电装置的话，理论上来说，最大发

※ 海洋蕴藏能量

电能力估计能够达到 500 亿千瓦。由于地处赤道附近的太阳直射较多，所以其海域的表层温度可达 25℃～28℃，由于波斯湾和红海被炎热的陆地包围，所以该地区的海面水温可达到 35℃左右。而在海洋500～1000米的海洋深处，海水的温度可能仅有 3℃～6℃而已。

海洋就像一个巨大的吸热体，如果仔细观察的话，就不难发现地球上的海洋之中除了南北的极地和部分浅海外，通常都是不会结冰的，特别是赤道附近的海域，海水的表面温度几乎常年都是恒温的，所以人们在描述海洋时都说它是温暖的。但是位于海洋深处的海水温度却是非常低的，它一年四季的温度大约只有摄氏几度，因为不管阳光怎样照射都没有办法把它晒热，而这与海洋上层的温水比较起来，大约就会形成 20℃以上的温差。而在热力学上，但凡是存在温度差异的水，都是可以用来做功的，而这也就是我们所要利用的海洋温差能。

在大部分情况下，海洋温差都是指南纬 25°至北纬 32°之间海域中，海水表层与深层的温度差。由于中国位于东半球，所以拥有较好的海洋温差条件，特比是在台湾附近的海水温差会更大一些，为人们利用海洋温差能源提供了较好的条件。

海洋温差能最主要功能就是利用温差来进行发电。海洋温差发电主要采用开式和闭式两种循环系统来进行工作。在开式循环中，表层温海水在

闪蒸蒸发器中，由于闪蒸而产生蒸汽，蒸汽进入汽轮机做功后流入凝汽器，由来自海洋深层的冷海水将其冷却。在闭式循环中，来自海洋表层的温海水先在热交换器内将热量传给丙烷、氨等低沸点工质，使之蒸发，产生的蒸汽推动汽轮机做功后再由冷海水冷却。在这个不断循环的过程中，发电设备就可以源源不断地将海水之间所存在的温差变成电力，从而为人们制造更多的电能。

◎海洋温差能的利用现状

海洋热能主要是来自于太阳的能源。由于世界大洋的面积浩瀚无边，所以热带洋面也相当宽广。而且海洋的热能在用过后很快便能够得到补充，所以是很值得开发利用的。据计算，如果能把南纬20度到北纬20度的区间的海洋洋面其中的一半用来发电，海水水温仅平均下降1℃，大约就能获得600亿千瓦左右的电能，而这就相当于目前全世界所产生的全部电能。而且据专家们推算，仅从美国的东部墨西哥海岸由湾流出的暖流中，就可获得美国1980年所消耗电量的75倍。

那么究竟该怎样有效地利用海水温度差能量来更好地为人类服务呢？法国的 Arsened Arsonval 也于1881年首次提出了海洋温度差的发电构想。也就是发明一种能够利用海水表层（热源）和深层（冷源）之间的温度差进行发电的电站。后来经过科学家们多年的研究和实践，直到1930

※ 海洋温差发电

年 Claude 才在古巴的近海附近，首次利用海洋温度差能量发电成功，但是，由于发电系统的水泵等所耗的电力比其所发出的电力更大，所以导致最终的纯发电量竟然是负值的情况。但是人们并没有因此就泄气或者放弃这个项目，继续不断地探索和摸索利用温差发电的经验。直到 1979 年夏威夷的 MINI－OTEC 发电系统才首次发出了 15 千瓦的净发电容量。

◎海洋温差能的发电原理

海水温差发电技术，是一种以海洋受太阳能加热的 25℃～28℃ 的表层海水作高温热源，并以 500 米～1000 米深处 4℃～7℃ 的海水作低温热源，用热机组成的热力循环系统进行发电的一种新型发电技术。从高温热源到低温热源，其间可以获得 15℃～20℃ 左右的有效总温差能量。而最终也有可能获得具有工程意义的 11℃ 的温差能量。

1881 年 9 月巴黎生物院的物理学家德·阿松瓦尔就提出了利用海洋温差能进行发电的新设想。1926 年 11 月法国科学院首次建立了一个实验温差发电站，并以此来证实了阿松瓦尔的设想。1930 年阿松瓦尔的学生克洛德，又在古巴附近的海中建造了一座利用海水温差进行发电的发电站。

1961 年法国在西非海岸成功建成了两座 3500 千瓦的海水温差发电站。1979 年美国和瑞典也在夏威夷群岛上共同建成了装机容量为 1000 千瓦的海水温差发电站，而且美国为了有效利用墨西哥湾暖流的热能，还计划在跨入 21 世纪之后建成一座 100 万千瓦的海水温差发电装置，并在墨西哥湾的东部沿海建立 500 座海洋热能发电站，预计发电能力将高达 2 亿千瓦。

目前，海洋温差发电仍是一项正在努力进行研究和摸索的高科技项目，因为它不仅涉及许多耐压、绝热、防腐材料问题，以及热能利用效率问题（效率现仅 2%），且投资巨大，一般国家无力支持。但海洋温差资源丰富，对大规模开发海洋来说，它可以在海上就近供电，并可同海水淡化相结合，从长远观点看，海洋热能转换是有战略意义的。从技术发展前景看，除现有闭式朗肯循环路线外，还有开式和混合式循环，以及新概念的泡沫提升法和雾滴提升法等技术，所以有较大技术潜力。而且就目前的情况看，中国除了台湾省曾在东部樟原做过一点小的实验之外，其他地区基本处于空白。

从 21 世纪的人类观点和能源需求来看，利用温差能发电应放到一个比较重要的位置上去，与能源利用、海洋高技术和国防科技等进行综合考虑。海洋温差能的利用可以提供可持续发展的能源、淡水、生存空间并可以和海洋采矿与海洋养殖业共同发展，解决人类生存和发展的资源问题。需要安排开展的研究课题为基础方面，重点研究低温差热力循环过程，解决高效强化传热、低压热力机组以及相应的热动力循环和海洋环境中的载荷问题。建立千瓦级的实验室模拟循环装置并开展相应的数值分析研究，提供设计技术。在技术项目方面，还应该尽早安排百千瓦级以上的综合利用实验装置，并可以考虑与南海的海洋开发和国土防卫工程相结合，作为海上独立环境的能源、淡水以及人工环境和海上养殖场的综合设备。

| 拓展思考 |

1. 海洋温差是怎样形成的？
2. 为什么海洋温差也是一种神奇的能量？
3. 海洋温差是怎样发电的？

认识我们未来的能源

鲜为人知的海洋盐差能

Xian Wei Ren Zhi De Hai Yang Yan Cha Neng

可能很多人都不知道，在海水和江河水相交汇的地方，还蕴含着一种鲜为人知的盐差能。所谓盐差能，其实所的就是指海水与淡水之间或者两种含盐浓度不同的海水之间所存在的化学电位差能，而这种能量主要存在于河流与海洋的交接处。同时，淡水丰富地区的盐湖和地下盐矿也可以利用盐差能。在众多的海洋能源中，盐差能堪称是密度最大的一种可再生能源。而且海洋盐差能可以用来发电也在很久以前就已被人们认识到了。

有学者在经过详细的计算后发现，在17℃时，如果有1摩尔盐类从浓溶液中扩散到稀溶液中去，就会释放出5500焦的能量来，由此专家设想到：只要有大量浓度不同的溶液可供混合，就将会释放出巨大的能量。经过进一步计算和研究，专家还发现如果利用海洋盐分的浓度差来进行发电的话，它的能量虽然排在海洋波浪发电能量之后，但是却比海洋中的潮汐以及海流的能量却要大上许多。

据估算地球上存在着26亿千瓦可利用的盐差能，其能量甚至比温差能还要大。由此可见海洋中蕴藏着巨大的能量，只要海水不枯竭，其能量就生生不息。作为新型的能源，海洋能源已吸引了全世界越来越多人的兴趣。

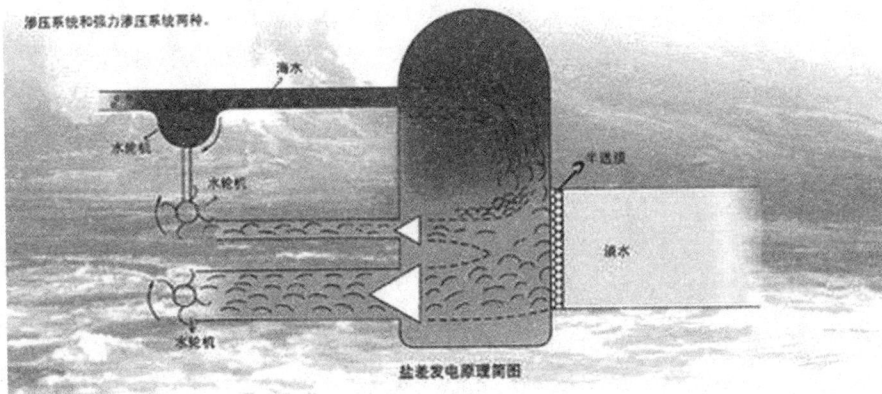

渗压系统和强力渗压系统两种。

海水

水轮机

水轮机

半透膜

淡水

水轮机

盐差发电原理简图

※ 海洋盐差能发电原理

海洋盐差能发电的设想是 1939 年由美国人首先提出的。盐差能发电的原理是：当把两种浓度不同的盐溶液盛在一个容器中时，浓溶液中的盐类离子就会自发地向稀溶中扩散，一直到两者浓度达到一致。所以，盐差能发电，事实上也就是利用两种含盐浓度不同的海水之间的化学电位差能转换为有效的电能的一种先进技术。

利用盐差能来进行发电其实是有很多种方式的，例如常见的有渗透压式、蒸汽压式和机械一化学式等，其中渗透压式的方案在日常生活得到了人们的很大重视。渗透压式就是说如果将一层半渗透膜放在不同盐度的两种海水之间，通过这个膜会就会产生一个压力梯度，从而迫使水从盐度低的一侧渗透到盐度高的一侧，从而稀释高盐度的水，直到膜两侧水的盐度变成一致。这种压力被称为渗透压，与海水的盐浓度及温度有着很大的关联。

如何利用大海与陆地河口交界处水域的盐度差所潜藏的巨大能量，是科学家们一直以来的理想。在 20 世纪 70 年代，各国都陆续开展了多项的调查和研究，以寻求提取盐差能的方法。但由于在实际开发中，利用盐度差能资源的难度很大，因为淡水是会冲淡盐水的。所以，为了保持盐度的梯度，还需要不断地向水池中加入盐水。但如果这个过程连续不断地进行，水池的水面就会高出海平面 240 米左右。对于这样的水头，就需要很大的功率来泵汲取咸海水。

目前，已经研究出来的盐差能实用开发系统是非常昂贵的。这种系统利用反电解工艺，简单来说也就是盐电池，从咸水中提取能量。根据 1978 年的一篇报告测算，盐差能发电的投资成本约为 5 万美元/千瓦。也可利用反渗透方法使水位升高，然后让水流经涡轮机，这种方法的发电成本高达 10～14 美元/千瓦·时。

拓展思考

1. 什么是盐差能？
2. 海洋盐差能有什么作用？
3. 人们如何利用海洋盐差能？

能源新秀——海带和巨藻

Neng Yuan Xin Xiu—— Hai Dai He Ju Zao

也许很多人很难把海带、巨藻和能源联系在一起，的确，在这之前，海带只是人们餐桌上的菜肴，巨藻也只是用于生产加工化工、医药产品，是褐藻胶、动物饲料和制取甲烷的主要原材料而已。在人们看来，它们和能源根本就没有一点关系，更不用说是可以从中制取能源了，让人有点天方夜谭的感觉，可是在不久的将来，它们却真的有可能能够为人类带来新的能源。

※ 海藻

科学家发现，在美国的加利福尼亚州，盛产的一种巨型海带可以作为替代能源被人类利用。从这种巨型海带中，可以提取大量的合成天然气，还可以提取氯化钾和化妆品中的乳化剂。当然人们用做盘中佳肴的海带通常是不能作为替代能源而用的，只有这种原产于美国加州外海的巨型海带才可以。如今这种替代能源的发展前景已被科学家们看好，有望成为未来能源的新秀。

据有关的资料显示，这种巨型的海带具有一种让人不可思议的成长速率。它每天就可以生长 2 英尺（1 英尺＝0.3048 米），也就是说，在不到 5 个月的时间内，它可以长到 200 英尺（即 60.96 米）长，按照这种生长尺寸来看，它似乎是科幻小说中的海怪，的确会令人觉得惊讶、神奇！

※ 海带

美国政府曾特意在加州外海开辟了一片面积为 400 平方千米的海底农场，专门用于种植这种巨型海带。每到收获的季节，他们就用特殊的采收

认识我们未来的能源

船进行采收；有些是利用海带本身具有的细菌使其自然发酵；有些则是以人工的方法加速其发酵，这样下来它一年所产生的合成天然气竟高达220多亿立方英尺。按照美国家庭的天然气燃烧耗用量计算的话，仅这些海带的能量就可供5万人一年的需求！而且经过有关科学家的研究计算得出，"海带天然气"要比人们平常用的从地下化石燃料中制取的天然气价格要便宜得多，由此可见，巨型海带在不久的将来一定会成为被人们广泛使用的理想新能源了。

这些巨型的海带除了能够产生合成天然气以外，它还能创造其他的"奇迹"。巨型海带在生长过程中产出的氯化钾和有机肥料，可以使海底农场中的鱼类产量增加很多，真可以称得上是一举两得、创造双赢效益的特殊能源！除了以上的优点之外，最让人感到惊奇的是，在这些巨型海带中还可以提炼出化妆品中的乳化剂。

但是由于巨型海带需要高浓度的养分才能得到快速生长，所以它们通常需要在150~300米的海水深处，因为只有这样才能为其提供足够的生长养分。然而如果真的选择在这种深度种植巨型海带的话，不仅不容易采收，也会因为阳光无法穿透如此深的海水，从而使巨型海带不能进行光合作用，从而无法自然地生长。因此，只要科学家们能尽快突破深度这个主要难题，那么巨型海带未来就很有可能为世界各地带来更多新的生物能源。

巨藻是藻类王国中最长的一种藻，属于褐藻类。大部分情况下，巨藻可以长到几十米长，甚至是500米，重达200千克左右。巨藻的生长速度也是十分惊人的，大概是如今世界上生长最快的植物之一啦！通常只要在适宜的条件下，每

※ 利用海藻作为能源的节能灯

棵巨藻在一天之内就可以生长30~60厘米，一年内可以长到50多米长，简直就是植物界中的巨人！

经科学家的研究发现，巨藻不仅可以用来制造五光十色的塑料和纤维

板，还可以提炼藻胶，更是化工和制药工业的原料。另外，科学家还发现：巨藻中还含有丰富的甲烷成分，是用来制造天然气的好材料！

除此之外，巨藻在吸收二氧化碳进行光合作用的过程中，体内还会集聚一定数量的石油。科学家在研究过程中发现，巨藻对二氧化碳的吸收率不仅很高，而且它对石油的生成能力远远超过了人们预想的程度，而从中提取出的石油不仅发热量高，而且氮、硫含量也非常少。这种石油的发热量可以与用于船舶燃料的重油相匹敌，其中氮的含量只是重油的 1/2，硫的含量仅为重油的 1/190。而且他燃烧之后的产物中，还含有丰富的钾，可以用来制作肥料。只是巨藻对杂菌十分敏感，从中提取石油较为困难。同时，如果想要培育这种藻类达到理想的生产水平，所以必须要有非常庞大的培养池。但是事实上，这些问题还有待科学家进一步研究才能解决！

知识万花筒

随着目前经济发展速度与日递增，人类对不可再生的常规能源消耗过度，以至于能源短缺的现象越来越严重，从而造成了资源的匮乏和枯竭，因此，为了缓解日益凸显的能源危机，发展生物新能源资源，无疑是一个能够强国富民的好项目！

拓展思考

1. 你相信海藻和海带也能成为新能源吗？
2. 藻类是如何转化为能源的？
3. 藻类能源能够缓解目前人类面对的能源危机吗？

低碳社会新能源——可燃冰

Di Tan She Hui Xin Neng Yuan——Ke Ran Bing

随着低碳社会的来临，全世界的能源结构可能都会因此而发生改变，清洁、环保的新能源将成为未来世界的新宠。然而并非目前发现的所有新能源利用都会前途无量。除了太阳能和风能等绿色无污染的洁净能源之外，世界各国的科学家都将目标指向一种"特殊的天然气"——可燃冰，它是一种既清洁环保，且储存量

※ 可燃冰

又极大的新能源，拥有十分广阔的前景，而且很有可能是支撑起未来全球能源需求的主力军。

可燃冰也叫甲烷水合物或者天然气水合物，是天然气和水在高压低温条件下结合而成的一种固体化合物，可燃冰的主要成分是甲烷分子和水分子。它的形成与海底石油的形成过程相似，而且它们之间还密切相关。可燃冰在海底高压下是天然气的固体状态，埋于海底地层深处的大量有机质中，处于缺氧环境中，厌气性细菌把有机质分解之后形成石油和天然气（石油气）。其中许多天然气又被包含进水分子中，在海底的低温与压力下又形成了"可燃冰"。天然气和水可以在温度2℃～5℃内会出现结晶现象，而这个结晶体其实就是"可燃冰"。因为可燃冰的主要成分是甲烷，所以也被人们称为"甲烷水合物"。

从外表上看，可燃冰很像冰霜，但从微观上看的话，它的分子结构就像一个个由若干水分子组成的"笼子"，而且每个"笼子"里都"关"着一个气体分子。目前，可燃冰主要分布在太平洋的东、西部和大西洋的西部边缘，是非常具有发展潜力的一种新能源。然而由于可燃冰的开采难度较大，所以至今为止，海底的可燃冰仍是原封不动地保存在海底和永久冻土层内。据科学家们估计，海底可燃冰分布范围约4000万平方千米，占地球海洋总面积的10％左右，足够人类使用1000年。它也是迄今为止，

认识我们未来的能源

人类在海底发现的最具价值的矿产资源。

可燃冰这种资源的形成是十分不易的，因为它的生成至少需要满足三个条件：首先是温度不能太高，如果周围的温度高于20℃，可燃冰很快就会"烟消云散"；其次是要有足够大的压力，而海水越深压力就会越大，所以可燃冰的生成也就会越稳定；最后就是要有甲烷气源，而只有海底古生物尸体的沉积物，再被细菌分解后才会产生甲烷。所以说只有海底的环境是最适合形成可燃冰的。

由于可燃冰里面含有大量的甲烷等可燃性气体，所以很容易燃烧。而且在同等条件下，可燃冰燃烧后产生的能量比石油、煤或者天然气等能源要多出数十倍，并且在其燃烧后也不会产生任何残渣或者废气，不会造成环境污染等问题。所以科学家们把可燃冰称作"属于低碳社会的能源"。

据悉，迄今为止，全球至少有30多个国家和地区在进行可燃冰的研究与调查勘探。可燃冰主要储存于海底或寒冷地区的永久冻土带，比较难以寻找和勘探。新研制的灵敏度极高的仪器，可以实地即时测出海底土壤、岩石中各种超微量甲烷、乙烷、丙烷及氢气的精确含量，由此判断出可燃冰资源存在与否和资源量等各种指标。

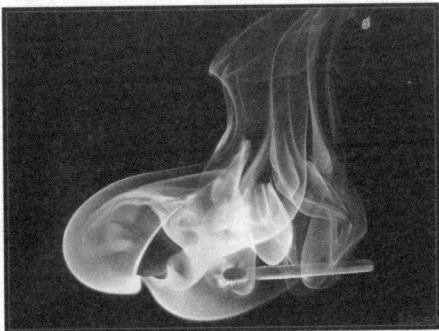

※ 可燃冰燃烧

可燃冰经过燃烧能够释放出巨大的能量，1立方米的可燃冰所释放出的能量就相当于164立方米的天然气。按照目前估算的可燃冰总能量计算，地球上的可燃冰将近是所有煤、石油、天然气总和的2～3倍。而且可燃冰并非是不可再生的，它还在日复一日，年复一年地不断积累，从而形成延伸数千至数万里的"矿产资源床"。所以专家们认为，一旦可燃冰得到合理的开采和利用，预计可以使人类的燃料使用时间延长好几个世纪。

虽然可燃冰的利用价值很高，但是人类要大量开采埋藏于深海的可燃冰，却面临着许多问题。位于陆地边缘的海域的可燃冰开采起来更是十分困难，一旦出现井喷事故，就会造成海啸、海底滑坡、海水毒化等灾害，给人类的生命安全和财产安全带来危害。而且有专家也指出，在导致全球气候变暖的各个因素方面，甲烷的影响比二氧化碳要高出10～20倍。因此，即便是可燃冰矿产资源受到极小的破坏，都足以导致其中的甲烷气体大量泄漏，从而破坏环境。由此可见，可燃冰虽然是未来比较理想的新能源之一，但它同时也像一柄"双刃刀"，随时会给人类带来危险的能源。所以，在可燃冰的开发和利用方面，还需要人类小心谨慎地对待。

知识万花筒

据有关科学家预测，21世纪可燃冰是最有望取代煤、石油和天然气的新能源之一。加强对可燃冰的调查和评价，是开发21世纪新能源、改善能源结构、增强综合国力及国际竞争力和保证经济安全的重要途径。目前为了开发可燃冰新能源，国际上已经成立了由19个国家参与，有几十位科技人员组成的对地层深处海洋地质取样研究的联合机构，他们驾驶着一艘装备着先进实验设施的轮船，从对海底可燃冰进行勘探，这艘可燃冰勘探专用轮船是当今世界上唯一一艘能从深海的岩石中获取样品的轮船，而且该船上还装备有许多用于研究的各种项目的实验设备，相信在不久的未来，就能够给人类带来好消息。

拓展思考

1. 什么是可燃冰？
2. 可燃冰是从哪里来的？
3. 可燃冰能够为我们带来哪些能源？

大
自然赐予我们的风能

DAZIRANCIYUWOMENDEFENGNENG

第四章

风是世界上无公害的天然能源之一。它不仅取之不尽，用之不竭，而且蕴含量十分大。据统计全球的风能约为 2.74×10^9 兆瓦，其中可利用的风能为 2×10^7 兆瓦，比地球上可开发利用的水能总量还要大 10 倍。对于缺水、缺燃料和交通不便的沿海岛屿、草原牧区、山区和高原地带，因地制宜地利用风力发电，非常适合，大有可为。其实在很早的时候风能就已经被人们利用了起来，当时主要是通过风车来抽水、磨面等。而现在随着全球经济的发展，风能市场也迅速发展起来！人们更感兴趣的已经不仅仅是小规模的利用风的力量，而是即将在研究如何利用风能来发电！

古老的自然资源

Gu Lao De Zi Ran Zi Yuan

在地球的表面上，大量的空气流动时会产生一种免费的动能——风能。简单地说，风能就是空气流具有的动能总称。风能是因空气流做功而无偿提供给人类的一种可利用的能量。空气的流速越高，所产生的动能也就越大。

由于地面上不同的地方所受到的太阳辐照不同，所以气温变化和空气中水蒸气的含量也有很大的不同，所以这就会引起各地气压的差异。而在水平方向高压空气向低压地区流动，也就形成了风。风能资源决定于风能密度和可利用的风能年累积小时数。存在地球表面一定范围内。经过长期测量，调查与统计得出的平均风能密度的概况称该范围内能利用的依据，通常以能密度线标示在地图上。风能的密度指的是单位迎风面积可获得的风的功率，它与风速的三次方和空气密度是成正比的。据有关专家估算，全世界的风能加在一起，总量约有 1300 亿千瓦，其中

※ 风能

76

中国的风能总量约有 16 亿千瓦左右。

人们如果用风车把风的动能转化成为旋转的动作，就可以推动发电机，并以此产生电力，方法是透过传动轴，将以空气动力推动的扇叶组成转子的旋转动力传送至发电机。到 2008 年为止，全世界以风力产生的电力大约就有 94.1 百万千瓦左右，其所供应的电力几乎已经超过全世界用电量的 1%。然而，对大多数国家而言，风能虽然并不是主要的能源，但在 1999～2005 年之间，风能已经成长了 4 倍以上。

在中古与古代则利用风车将收集到的机械能用来磨碎谷物或抽水。现代利用涡轮叶片将气流的机械能转为电能而成为发电机。

◎风能的优点

风能不仅是环保的可再生能源，也是最为洁净的能量来源。使用经验丰富，产业和基础设施发展较成熟，无限可再生资源，项目规模灵活。间歇性资源，并非所有地区都有效，干扰雷达信号，噪音大，外观不佳。目前风力发电约占全球电量供应的 1%。陆地发电成本低于海上。能量存储成本较高是一大障碍。风能设施日趋进步，大量生产降低成本，在适当地点，风力发电成本已低于发电机。成本较低，7～14 美分/千瓦时。另外，风能设施多为不立体化设施，可保护陆地和生态。

◎风能的缺点

风力发电虽然有诸多优点，但是也仍然存在一些不足之处。例如在生态问题方面，就可能会干扰到鸟类的正常生活，比如美国堪萨斯州的松鸡在风车出现之后就已经渐渐地消失了。目前为了避免风力发电带来的生态环境问题，所想到的解决方案就是离岸发电，虽然这种发电形式的价格较高但其效率也高。

其次，风力发电需要大量土地兴建风力发电场，才可以生产比较多的能源。进行风力发电时，风力发电机会发出庞大的噪音，所以要找一些空旷的地方来兴建。

另外，还有一些地区由于风力发电的经济性不足，所以风力有一定的间歇性，更糟糕的是，如台湾等地在电力需求较高的夏季或者白天，几乎都是风力较少的时间，所以必须等待出现压缩空气等储能技术发展。目前，风力发电的技术还不是十分成熟，未来还有相当大的发展空间。

风能利用的限制及弊端如下：

1. 风速不稳定，产生的能量大小不稳定；
2. 风能利用受地理位置限制严重；
3. 风能的转换效率低；
4. 风能是新型能源，相应的使用设备也不是很成熟。

◎风能资源评估

风是一种最常见的自然现象，它时而怒吼于旷野之中，时而咆哮于江河湖海之上。有时也轻轻地吹拂着田野，让旌旗猎猎飘扬。江河里的木船拉起风帆乘风而去，飘在空中的风筝乘风而起。风能资源是经过测量的可供人类开发利用的风能。太阳辐射的能量在地球表面约有 2% 转化为风能。根据荷兰和美国对风能资源的研究，考虑城镇、森林、复杂地形、交通困难的山区及社会环境的制约，如景观和噪音影响等，取具有风能资源土地面积的 4% 推算，可利用的风能资源储量估计约 96 亿千瓦。另外，海岸线附近的浅海区域也有非常丰富的风能资源，且平均风速大、湍流小，仅欧盟国家沿岸的海上风能资源估计约 5800 亿千瓦·时，比欧盟 12 国目前的年用电量 2 万亿千瓦·时还大，如按年满功率发电 2500 小时计划，则装机容量可达 12 亿千瓦。

如果你去过新疆和内蒙古草原的话，可能就会看到那些一排排整齐地矗立在荒漠和草原上具有巨大的旋转手臂的机械装置迎风而立的奇特机械装置。这些装置就是用来发电的风力机。

风能与水能一样，都是地球上的一种非常古老的自然资源。在很早以前，人类就有过成功利用风能的经验。早在公元前 3000 年，埃及人便以帆船的形式首次利用到了风能，帆捕获风中的能量以推动船只在水上航行。风帆其实就是一种最简单的风力机械，人们将它用作驱动船前进的动力，这种依靠风力能够迅速前行的船就是风帆船。

大约在公元前 2000 年的古巴比伦，就已经出现了最早的风车，但当时的风车并不是用于发电，而是用于碾磨谷物。几千年前的波斯人也已经开始利用风能，约在公元 700 年时，他们也有了立轴式风车。这些早期的风能利用设备，大多都是由一根或多根垂直安装的木梁组成的，木梁的底部大都安有石磨，木梁与随风旋转的转轴相连。在风能的作用下转轴就能带动石磨转动，从而就可以碾磨谷物，将谷物脱皮了。这种使用风能碾磨谷物的做法在很短的时间内便在中东得到了迅速的传播。过了许多年之后，欧洲才出现了第一座风车。很快，风车又在英格兰得

※ 风能发电的风车

到了广泛的应用，风力和水力也逐渐成为了中世纪英格兰机械能的主要来源。

　　人类利用风能为生活提供便捷的历史，大致可以追溯到公元前，然而数千年来，风能没有引起人们足够的重视，以至于技术发展十分缓慢。但自从 1973 年的世界石油危机以来，在常规能源告急以及全球生态环境恶化的双重压力下，风能又被作为新能源的一部分进行开发，从而才重新有了长足的发展。

　　风能作为一种无污染，且可以再生的新能源，本身所具备的优势就注定其在未来的能源发展中有着巨大的发展潜力。特别是对沿海的岛屿、地广人稀的草原牧场。交通不便的边远山区以及远离电网和近期内电网还难以达到的农村和边疆地区来说，人们如果能将风能作为解决生产和生活能源的一种可靠途径，那么不管是对社会还是对人类本身来说都是有着十分重要的意义的。目前即使在很多发达的国家，风能也被视为是一种高效、清洁的新能源，并日益受到人们的重视，例如美国能源部就曾经调查过，仅美国得克萨斯州以及南达科他州两个州所蕴含的风能密度，就足以供应整个美国所需要的电量。

目前世界上的风能状况如何？

1. 资源丰富的风能源

据估计世界上目前可利用的风能储量为 96 亿千瓦。中国陆上为 2.53 亿千瓦。所以，目前应理顺风能资源勘测的资金渠道，探明实际可开发的风能储量。并逐步加大对风电前期工作投入，选出优先开发的风场，做好项目准备。

2. 技术相对较为成熟

风能的利用，可以为人类带来很多的利益，所以商业化开发也可以作为风能开发的一部分来实施。1999 年全世界的风电装机达到 1393 万千瓦，从 1995 年起的平均年增长率为 32%，是发展最快的电源。单机容量以 600～1000 为主，1650 千瓦的机组已投入市场，正在开发 2000～5000 千瓦的机组用于海上风电场。而且随着技术的不断改进和批量日益增大，风能的发电成本也一定会持续下降。

3. 环境效益好

开发风电是减排 CO_2 的有效措施，比其他方式经济，其发展规模与环境要求密切相关。

4. 目前成本高

需要政府激励政策支持，主要是风电上网电价的制定和高于火电的价差分摊，核定风电销售增值税和提供低息长期贷款等政策。

5. 降低成本途径：多渠道融资

建立股份制的风电开发公司和竞争机制，降低建设成本。提供贴息贷款建设国产机组的示范风电场，拉动国内制造企业，保证质量，降低制造成本。风电机是高科技产品，应加大研究开发力度，增强自主开发能力，提供质优价廉的新型机组。总之，风电以其丰富的资源、良好的环境效益和逐步降低的发电成本，必将成为 21 世纪中国重要的电源。

拓展思考

1. 风是从哪里来的？
2. 风对我们的生活有什么作用？
3. 人类从何时开始利用风能的？

带你认识风的神奇能量

Dai Ni Ren Shi Feng De Shen Qi Neng Liang

风是地球上的自然现象之一，人类利用风能的历史也已经十分悠久了。在蒸汽机出现之前，人类最常用也是最重要的动力装置就是风帆和风车。1891 年，丹麦人发明风力发电机组后，成为解决偏远地区用电的有效手段之一。20 世纪 70 年代发生石油危机后，世界各国用现代技术研究开发大型联网风力发电机组取得重大进展，可靠性提高，成本下降，开创了一个新兴产业。由于良好的环境效益，特别是减排二氧化碳（CO_2）的作用，得到各国政府激励政策的支持，成为发展最快的清洁电源。70 年代末期，中国自选开发了多种微型（100 瓦～1 千瓦）充电用的风电机组，在牧区和海岛得到迅速推广，促进农村电气化，而且初步形成产业，年产量超过 1 万多台，居世界第一，有的产品还销售到国外市场。在 21 世纪中，虽然科技已经比较发达，但是电网仍有一些不能通达的地

※ 风能发电的利用

区，而此时独立运行的风电机组就可与柴油发电机或者太阳能电池共同组成一个互补系统，为人类提供方便的电能。

在地球所吸收到的太阳能中，有 1‰ ～ 3‰ 都转化为风能，而这个庞大的总量其实已经相当于地球上所有植物通过光合作用所吸收的太阳能转化为化学能的 50 ～ 100 倍。在高空中，我们可以发现很多风能，甚至还会出现时速超过 160 千米的强风。但你知道吗？这些风所蕴含的能量，最终却都因和地表及大气间存在摩擦力，所以以各种热能方式被释放掉了。

利用最古老的风车就可以提取到风能。当风吹动风车上风轮的时候，风力就会带动风轮进行绕轴旋转，并使风能转化为机械能。而风能转化量的大小则是和风轮扫过的面积、风速的平方以及空气密度等多种因素有关的。空气的质流穿越风轮扫过的面积，是随着风速以及空气的密度而变化。指定质量的动能与其速率之平方是成正比的。例如说，在温度约为 15°C 的时候，湿度增加会导致空气密度降低，海平面空气密度为每立方米 1.22 千克。而当风以每秒钟 8 米的速度吹过直径 100 米的转轮时，一秒钟之内就能够使 10 亿千克的空气穿越风轮扫过的面积。由于质流与风速是呈线性增加的，所以对风轮有效用的风能将会与风速的立方成正比，

※ 风车

而上面所说的风吹送风轮的功率，按照估算大约应在 2.5 百万瓦特左右。

由于风涡轮提取能量的时候会使空气减速，从而也就导致它对传播并且在风涡轮附近某种程度上牵制它。1919 年德国物理学家阿尔伯特确定了风涡轮可能提取到流经涡轮的横断面的 59％能量。

虽然高风速能够产生许多的电能，但是真正可用的风能大多都是来自瞬间的较大风速。一大半可用的能量，却只占运作时间的 15％。所以和那些使用燃料的火力发电厂相比之下，风能有一个很大的缺点，那就是无法依照用电的需求来调整自身的发电量。而且风速也并非是一个常数，风力发电整年的发电量不是标示的发电率乘上所有的运转时间（一年内），实际产生的值与理论值（最大值）称为容量因子。如果安装良好的风力发电机，其容量因子可达 35％，跟一般使用燃料的发电厂的涡轮机相比，标示 1000 千瓦的风力发电机，每年可发的电量最多到 350 千瓦。短时间内所输出的功率虽然是很难预测的，但每年发电量的变化应该在几个百分比之内。

◎对未来风能发电的展望

目前在国际上，由于风电能在减排温室气体方面发挥了十分重要的作用和功效，所以已经得到各国政府的鼓励和支持。目前，世界上每年都会增加 200 多万千瓦风力机装机容量，而且风力发电的技术也在进步，且规模也在不断地扩大，这些都使风力发电的成本不断下降，估计未来 10 年风能完全可与清洁的燃煤电厂竞争，成为可持续发展的能源结构中重要组成部分。

知识万花筒

·中国未来的风力发电将如何发展？·

中国的风力资源极为丰富，绝大多数地区的平均风速都在每秒 3 米以上，特别是东北、西北、西南高原和沿海岛屿，平均风速更大；有的地方，一年 1/3 以上的时间都是大风天。在这些地区，发展风力发电是很有前途的。

目前在中国，已经有不少成功的中、小型风力发电装置在运转。在 2001～2005 年期间，中国加强了河北北部、东北三省、内蒙古东部以及整个沿海陆地岛屿的风能资源调查，找出了多个能够建设 400 万千瓦风电场的场址，并开始对岸外海上风能资源进行普查，找到几个可建设示范海上风电场的场址。除继续利用外国政府软贷款和国际金融组织的优惠贷款外，争取国内银行能提供还贷期为 15 年的贷款，从而避免过高的还本付息电价。政府将鼓励采用国产机组建设风电场的业主，以贴息方式补偿国产机组示范风电场的风险，开拓市场，拉动国内总装和零部件制造业，提供批量生产和改进产品的机会，降低机组成本。从2006～2010年，国内制造的整机和零部件成本较低，在新增容量中要占70％，这期间应开始建立示范海上风电场。2011～2015年，由于环境指标要求更加严格，火电成本上升缩小了与风电的价差，有利于风电的商业开发，累积装机约在500～700万千瓦，替代火电的电量125～175亿千瓦·时，海上风电场也将进入规模发展阶段。到2030年，风电可能会占全国总装机容量的10％，届时海上风电场技术更加成熟，成本明显下降，进入大规模开发时期。到2050年风电的经济效益会有明显的优势。

| 拓展思考 |

1. 风能可以收集起来吗?
2. 风能有什么作用?
3. 风能可以成为人们未来大规模开发的能源吗?

认识我们未来的能源

神奇的风力发电

Shen Qi De Feng Li Fa Dian

如今，人们已经越来越了解风是一种潜力无限的新能源了。18世纪初，横扫英、法两国的一次狂暴大风，导致数千人在大风中受到了伤害，并摧毁了 400 座风力磨坊、800 座房屋、400 多条帆船、100 座教堂，甚至将 25 万株大树连根拔起。仅就拔树一事而论，风在数秒钟内就发出了 1000 万马力，而一马力等

※ 风能发电

于 0.75 千瓦，这也就是说，在数秒钟之内的风能就有 750 万千瓦的功率。有人曾估计过，地球上约有 100 亿千瓦可用来发电的风力资源，几乎目前是全世界水力发电量的 10 倍。即便是全世界现在每年燃烧煤所获得的能量，也只能抵上风力在一年内所提供能量的 1/3 而已。所以，国内外的很多国家现在都很重视利用风力来进行发电，开发新能源这一项目。

早在 20 世纪初，利用风力进行发电的尝试就已经开始了。30 年代，瑞典、丹麦、苏联以及美国应用航空工业的旋翼技术，也成功地研制了一些可以在多风的海岛以及偏僻的乡村使用的小型风力发电装置。这种小型风力发电机所获得的电力成本，远比现在的一些小型内燃机所需要的发电成本低上很多。

据了解，国外目前已生产出了 15、40、45、100、225 千瓦的风力发电机。1978 年 1 月，美国的新墨西哥州的克莱顿镇还建成了一座 200 千瓦的风力发电机，该发电机叶片的直径为 38 米，所发出的电量足够 60 户居民的正常用电。1978 年丹麦日德兰半岛西海岸投入运行电量达 2000 千瓦的风力发电装置，其风车高 57 米，所发的电量中的 75% 都被送入了电网，其余的则用来供给附近的一所学校。1979 年美国在北卡罗来纳州的蓝岭山，又建成了一座有 10 层楼高，风车钢叶片的直径 60 米，也是世界上最大的发电用的风车。这个风车的叶片安装在一个塔型建筑物上，可自由转动并从任何一个方向获得电力；当风力时速在 38 千米以上时，发电

的能力可高达 2000 千瓦以上。但由于由于这个丘陵地区的平均风力时速一般情况下都不足 30 千米，所以这座风车并不能全部运动。但是即便它全年只有一半的时间能够运转，也足够供应北卡罗来纳州 7 个县用电量的 1%～2% 的。

◎风为什么能够发电？

风力发电就是把风的动能转变成机械动能，然后再把机械能转化为电力动能。风力发电的原理其实就是利用风力带动风车叶片旋转，再透过增速机将旋转的速度提升，来促使发电机发电。目前，风车的技术还不是很成熟，大约每秒三米的微风速度便可以开始发电。由于风力发电不需要使用燃料，也不会产生辐射或空气污染，所以风力发电正在世界上形成一股热潮。

通常人们会把风力发电所需要的由风轮、发电机和铁塔三部分风力发电机组装置称作风力发电机组。风力发电机组是将风能转化为电能的一种机械设备，也叫做风电机。

风轮是风电机最主要的部件，它是由两只（或更多只）螺旋桨形的叶轮组成，是把风的动能转变为机械能的重要部件。桨叶具有良好

※ 风能发电设备

的空气动力外形，在气流作用下能产生空气动力使风轮旋转，将风能转换成机械能，再通过齿轮箱增速，驱动发电机转变成电能。当风吹向桨叶时，桨叶上所产生的气动力会驱动风轮转动。桨叶的材料要求强度高、重量轻，目前多用玻璃钢或者其他如碳纤维等复合材料来制造。现在，也有一些垂直的风轮，S 型旋转叶片等，但所起的作用其实是与常规螺旋桨型叶片大致相同的。在理论上，最好的风轮只能将约 60% 的风能转换为机械能。现代风电机风轮的效率可达到 40%。风电机输出达到额定功率前，功率与风速的立方成正比，即风速增加 1 倍，输出功率增加 8 倍，所以同力发电的效益与当地的风速关系极大。

由于风速随时在变化，风电机常年在野外运行，承受十分复杂恶劣的交变载荷。当前生产的主力机型为 600～750 千瓦，机体庞大，风轮直径和塔架高度都达到 40～50 米，设计和制造较困难。

由于风力的大小和方向经常会发生一些变化，风轮的转速又比较低，

故而会出现转速不稳定的现象。所以，在带动发电机之前，还需要附加一个齿轮和一个调速机构变速箱，把转速提高到发电机的额定转速，并使转速保持稳定，然后在联接到发电机上。为了能够保持风轮始终是对准风向，并获得最大的功率，还需在风轮的后面装一个类似风向标的尾舵。但一般只有小型（包括家用型）才会拥有尾舵，而大型风力发电站基本上是没有尾舵的。

支承风轮、尾舵和发电机的构架一般被称为铁塔。为了获得较大的和较均匀的风力，以及要有足够的强度，铁塔高度重视地面障碍物对风速影响的情况，以及风轮的直径大小而定，一般在 6～20 米范围内。但通常情况下，都会修建得比较高一些。

发电机的作用，相信大家都已经有所了解了，它的主要作用就是把由风轮得到的恒定转速，通过升速传递给发电机构均匀运转，因而把机械能转变为电能。

在芬兰、丹麦等一些国家，风力发电如今已经十分流行了；中国目前也在西部地区大力提倡风力发电技术。小型风力发电系统不是只由一个发电机头组成的，它是一个有一定科技含量的风力发电机、充电器、数字逆变器等构成的一个效率很高的小系统。风力发电机由机头、叶片、转体、尾翼几部分组成的。其中，叶片用来接受风力并通

※ 海上风能发电

过机头转为电能；尾翼使叶片始终对着来风的方向从而获得最大的风能；转体能使机头灵活地转动以实现尾翼调整方向的功能；机头的转子是永磁体，定子绕组切割磁力线产生电能。每一部分对于风电机来说都是极其重要的。

◎多大的风力才可以发电？

通常情况下，三级以上的风都是有一定利用价值的。但是从经济合理的角度考虑的话，只有每秒的风速大于 4 米以上才适宜于发电。据测定，当风速为每秒 9.5 米时，一台 55 千瓦的风力发电机组所输出功率为 55 千瓦；当风速每秒达到 8 米的时候，功率则降至 38 千瓦；风速降至每秒 6 米的时候，发电机的功率只有 16 千瓦；而风速每秒 5 米时，发电机的功

率则仅为 9.5 千瓦。由此可见，风力愈大，所带来的经济效益也就愈大。

有关风力发电政策的建议：

1. 风电配额

制定出按常规火电污染排放量分配比例，由全国所有省区共同分摊的政策。

2. 风电上网电价

落实风电高于火电的价差摊到全省的平均销售电价中。制定出按常规火电污染排放量分配比例，由全国所有省区共同分摊的政策。按地区具体情况定出风电最高上网电价的限制，促使业主充分利用资源，降低成本。

3. 售电增值税

风力发电增加了新的税源，建议参照小水电核定风电销售环节增值税率为 6%。

4. 银行贷款

为降低风电电价，减轻还贷压力，建议适当延长风电还贷期限，还贷期（含建设期）增至 15 年；为风电项目提供贴息贷款。

5. 鼓励采用国产化风电机

为采用国产化风电机的业主提供补贴和贴息贷款，补偿开发商的风险，帮助初期国产化机组进入市场，得到批量生产和改进产品的机会，以利降低成本。

6. 建立市场机制

鼓励私人投资和引进外资，参照海洋石油开发的方式制定有关风能资源开发特许权的法律法规。

1. 你知道风能发电需要哪些基础条件吗？
2. 风能发电需要多大的风力？
3. 风力发电的未来前景如何？

借用高层建筑发电

Jie Yong Gao Ceng Jian Zhu Fa Dian

也许很多人现在都已经知道了，不管是风力发电还是气流发电，最终都是靠风或者气流来推动涡轮机叶片获得，并由发电机将风和气流转换成电能的。在我们生活的今天，安装风力发电机组的地区都是一些人烟稀少的地区，在那里发出的电能经能源公司输送到各个城市，这种方式无形中增加了人们用电的成本。而除了借助风力较大的一切地区去建立风力发电系统之外，科学家们目前还发现了另外一个地方也存在较大的气流，这个地方就是在多栋高层建筑之间所存在的一股较强的气流。那么如果在它们之间装上涡轮发电机，那么这样会不会就像风和气流发电设备一样进行发电了呢？

※ 高楼上的风力发电设备

迄今为止，借助高层建筑之间的气流进行发电的技术究竟有多大的可行性还未真正引起人们的重视。但是在欧盟等一些国家，现在已经推出了利用高层建筑群之间的强烈气流来进行发电的新型发电项目，而如果欧盟国家推出的这个项目一旦试验成功，该项目就非常有望能够改变城市的供电结构，并为城市居民降低一定的用电成本。

科学家进行实验的模型是在两座塔之间重新建一座楼房，并在两座塔之间安装了3台涡轮能够将楼房之间的风和气流转换成电能的发电机。在这种形势下，高楼可以以某种特殊的方式把风吸入涡轮机。其实，这个原理并没有什么神秘的，如果细心观察，就会发现人们平时只要站在楼群之间，就能够感觉到一股股风的强劲吸力。由于楼与楼之间的墙体是垂直的，所以风到这里之后是不会轻易被吹散的，而此时如果直接把风"全

力"吹入涡轮机，那么势必要比在空旷地带的风更为集中，气流也将更大，再加上电机的吸力，就可以使发电机的功率瞬间加倍增强。根据有关专家的计算，使用这种方法发电可比普通风力发电机多发出 25％左右的电能。另外，由于楼群都是固定建筑的，不会随风的方向而转向，所以只要风的入射角达到 50 度，就可以发出与普通发电机相同功率的电能。按照理论来讲，发电的最佳角度就是 30°～50°的入射角。正常情况下，欧洲城市的风速平均可以达到每秒 2～5 米，而且风向也会出现不断变化的情况，因此该技术在这种条件下进行是非常适合的。研究人员借助计算机模拟技术在风洞中对各种条件进行了试验，结果表明：楼顶、墙面等各方面因素对发电均无影响。根据发电模型的性能，科学家估算 3 台这样的发电机所发出的电能，完全可以满足两座楼房所需电能的 20％左右，如果采用先进一些的电子处理数据系统，发电量还有望得到提高。目前，已经有很多国家发现并开始实施这种可以在高楼之间应用的新技术了。

从目前各方面的情况看来，虽然借助高层建筑群之间的气流进行发电，是可以实现的一项技术。但是如果真正在生活中实施起来的话，恐怕还会遇到很多困难。例如在高楼群中很难找到能够安装风力或气流发电机的合适位置，再加上这种特殊形式的电机造价绝对不会低廉，所以它们所发出的电会难以抵消所费的成本。此外，还需要考虑城市的楼群之间所存在的无线电、电视信号等，这些信号也会干扰发电机叶片的正常运转程度。而且即便是能够找到合适的安装位置，它们也会存在影响市容或者工作时产生噪音等问题，甚至会影响到周围人群的生活和工作。所以，如果无法从根本上解决这些问题的话，这种发电方式即便是很有潜力，也是很难被人们所接受的！

知识万花筒

人们周围的各种能量在消耗的时候，都会产生不同程度的能源，人们目前虽然也在想方设法利用更多的能源，但是，在开发利用之前，还是需要做一个周密的计划的。要知道不管做什么事情，都必须做好充分的准备工作，才能在将来实施起来的时候万无一失！

拓展思考

1. 为什么要在高层楼房才能发电？

2. 高楼发电有什么优点？

3. 所有的高楼都可以发电吗？

绿

色能源——生物能源

LVSENENGYUAN——SHENGWUNENGYUAN

第五章

生物能源也叫做绿色能源，它是指从生物质中得到的能源，是人类最早利用的能源。生物能源是由太阳能转化而来的，只要有太阳，生物能源就会取之不尽。生物能源是通过绿色植物的光合作用将二氧化碳和水合成生物质，生物能在使用过程中又生成二氧化碳和水，形成一个物质的循环过程，从理论上看二氧化碳的净排放其实为零，所以才被称为是绿色能源！

绿色能源——生物能源

Lu Se Neng Yuan——Sheng Wu Neng Yuan

生物质作为能源，是一种贮存太阳能的可再生物质，生长过程中吸收大气中的 CO_2，用现代技术可以转化成固态、液态和气态燃料。生物质能在中国是仅次于煤炭、石油和天然气的第位能源资源，在能源系统中占有重要地位。中国生物质能资源主要包括薪材、秸秆、畜类和垃圾，这些资源的共同特点是能量密度低，分布广泛。

在目前正在寻找的新能源中，生物能源不仅是一种可以再生的绿色环保能源，而且是可以不断地开发和使用的生物能源，而且这种能源也十分符合可持续科学发展观和循环经济的理念。因此，利用高科技技术手段开发生物能源，已成为当今世界上多数发达国家在能源战略方面的重要部分。

※ 生物能源——小草

生物能与太阳能、风能、水能以及地热能等诸多能源都属于新兴的能源，但是现在在诸多能源中生物能所受关注的程度却直线上升。据科学家们提供的资料显示，全球每年由光合作用产生的生物质为 1440～11800 亿吨。而对于风能和太阳能来讲，它们都还存在一定的技术问题和成本问题，所以普及推广相当不易。从理论上讲，在自然光照的条件下，太阳光能转化率为 18.7%～28%，而目前世界上最好的光电池的能量转换效率只有 10%～18%，有此可以看出，生物能挖掘的潜力还是非常大的。

目前全球油价的持续增长使得各国都在努力开发可再生的替代能源，其中乙醇是最被看好的能源之一。因为乙醇无污染、可再生，又比石油价格低廉，所以乙醇将顺理成章地进入以石化为基础原料的领域。就目前的形势来看，乙醇不仅能够用于车辆的燃料，同时还可以广泛适用于医药、食品、香精、饮料、香料等加工领域，是一种优良的日用化工基本原料。

现在人类对乙醇的需求量日益增加，但是乙醇却是以玉米、小麦等为主的粮食作物作为主要原料的，所以长此下去的话，这将对人类的温饱问题带来一定的威胁。于是，"非粮"乙醇首先被推上了科技前沿，人类将迎来非粮生物能源的新时代。目前，广西已成为中国首个推广使用非粮原料生产乙醇汽油的省份。他们所使用的乙醇燃料是以非粮作物木薯为主要生产原料的。这不仅标志着中国生物能源的发展向前迈出了坚实的一步，而且也预示着中国今后的乙醇能源将逐步走向"非粮化"。

※ 纤维质能源作物——红薯

太阳能照射到地球上之后，其中的一部分能量转化成为了热能，还有一部分则被植物所吸收，转化为了生物质能，而生物质又可以很好地把太阳能吸收和储存起来。由于转化为热能的太阳能能量密度非常低，从而不容易被人类所收集，只能够利用很少的一部分，其他大部分就储存于大气和地球中的其他物质中。由于生物质在光合作用下，能够将太阳能收集起来并储存在有机物里面，而这些能量又是人类发展所需能源的源泉和基础。这种独特的形成过程，使生物质能既不同于常规的矿物能源，又和其

他的新能源有一定的差别，从而具有两者的特点和优势，成为人类目前最主要的可再生能源之一。

目前有关的研究人员指出，随着以基因技术为代表的现代科技的推广和应用，以纤维质为原料进行乙醇生产的技术正在逐步成为现实。而纤维质可以称得上是地球上资源储存量最为丰富的可再生资源，我们平时经常看到的草、土豆、红薯、甘蔗等不与口粮争地、争水的高产、高糖或耐旱、耐碱经济作物，以及秸秆、落叶、树枝、农作物壳皮、果壳、林业边脚余料和城乡固体垃圾等等，这些原料可谓是取之不尽，用之不竭的资源。据科学家们测算得知，中国每年只需把农作物秸秆资源的一半转化为乙醇，就将超过中国每年汽油消耗量的 1.2 倍以上。所以，目前有部分专家呼吁人们使用纤维质作为乙醇的生产原料，这样才能满足于人类在未来石油时代对液体能源的大量需求。

※ 纤维质能源作物——甘蔗

※ 纤维质能源作物——土豆

◎生物能的技术应用

有机物的来源主要有：

1. 农作物残渣

农作物残渣遗留于耕地上也有水土保持与土壤肥力固化的功能，因此，农作物残渣不可毫无限制地供作能源转换。

2. 柴薪

至今仍为许多发展中国家的重要能源，仍需依赖柴薪来满足大部分能

量需求。不过由于日益增加薪柴的需求，将导致林地日减，需适当规划与植林方可解决这一问题。

3. 城市垃圾

一般城市垃圾主要成分纸屑（占40％）、纺织费料（占20％）和废弃食物（占20％）。将城市垃圾直接燃烧可产生热能，或是经过热解体（Pyrolysis）处理而制成燃料使用。

4. 城市污水

一般城市污水约含有0.02％～0.03％固体与99％以上的水分。下水道污泥有望成为厌氧消化槽的主要原料。

5. 牲畜粪便

牲畜的粪便，经干燥可直接燃烧供应热能。若将粪便经过厌氧处理，会产生甲烷和可供肥料使用之余渣。若用小型厌氧消化槽，仅需3～4头牲畜的粪便即能满足发展中国家中小家庭每天能量的需要。

6. 制糖作物

对具有广大未利用土地的国家而言，如将制糖作物转化成乙醇将可成为一种极富潜力的生物能。制糖作物最大的优点，在于可直接发酵变成乙醇。

7. 水生植物

利用水生植物化成燃料也为增加能源供应方法之一。

种植能源作物增加生物能：目前具有发展潜力的能源作物，包括：快速成长作物树木糖与淀粉作物（供制造乙醇）、含有碳氧化的合作、物草本作物、水生植物、农林废料供应的能量是十分可观的。据Putnam氏的看法，将近全世界总消费量的20％，或约为木材贡献的4倍。在美国这些费料的热含量约为木材消费量的3.5倍。但此等费料的收集、运输、及转变为可作商品的燃料要比现在石油产品的价格要高几倍。

◎生物能的技术原理

通过对集约化猪场粪水进行包括固液分离段、制肥段、厌氧两步消化段和好氧处理段在内的处理过程，实现猪粪水的综合处理，充分回收资源。这项技术的关键在于固液分离技术，厌氧消化过程，好氧物化处理。

此项技术从资源回收、综合利用和产品水水质商品化出发，优化组合相关的科学技术，不仅能获得较高的能源、生态和环境效益，而且可获得可观的经济效益。而且各工艺段的衔接点均设有缓冲环节，运行中能够充分承受猪场粪、水量和pH等的冲击，确保系统高产能运作和获取稳定的

优异效果。

发展和利用生物质能资源，对中国有何意义？

中国有8亿人口生活在农村，0.6亿人口没有电力供用，0.7亿人口严重缺柴，1.7亿人口面临沙漠化的威胁。农牧民在这些地区的生活燃料主要靠生物质能，但生物质又恰恰是这些地区减缓沙漠化、扼制沙漠化最基本的屏障。在许多生物质资源和水资源极度匮乏地区，农牧民的生活燃料一天也不可缺少，因此就出现了这样的过程：树砍光了就割草当柴烧，草割光了就挖树根、草根，寻找一切可燃物做饭。对农牧民来说，这已是一种困窘和无奈；对国家来说，广大沙漠边缘地区、荒漠化地带，植被就这样被"连根拔掉"了。内蒙古西部的阿拉善旗，其面积比浙江省还大，但由于弱水河断流，加之人为过度使用草场，致使域内著名的居延湖干涸，草原变为荒漠，风吹沙扬，沙尘暴频发。生物质能属于可再生的低碳能源，若以现代手段高效率地予以开发转换，将对逐步改变中国以化石燃料为主的能源结构，特别是为农村地区因地制宜地提供清洁方便的能源，具有十分重要的意义。

▶ **知识万花筒**

21世纪是科学技术迅速发展的新世纪，可持续发展也是当前经济发展的趋势所在。面对化石能源的枯竭和环境的污染，生物能源的开发和利用为经济的可持续发展带来了光明。生物能源作为可再生、非常环保的新能源，具有无法超越的优越性，必将推动21世纪的经济发展和环境保护工作更上新台阶。

拓展思考

1. 什么是生物能源？
2. 生物能源要从哪里获取？
3. 你都知道哪些生物能源？

未来的新能源——能源作物

Wei Lai De Xin Neng Yuan——Neng Yuan Zuo Wu

长时间以来，石油、煤炭和天然气一直都是燃料王国中最常见的佼佼者。但是如果细细想来，煤炭、石油和天然气的"祖先"其实不就是远古时代的植物和石头吗？那么，人们现在能不能也种植一些能源作物，像收割庄稼一样来"收获"石油呢？这不仅是一种跳跃式的思考，也是 21 世纪全世界普遍关注的一个新的能源问题。

在当今社会大量种植一些专门用作能源的作物，是一项迫切受到人们密切注意的事情。驱动人们去关注这件事的则是因为能源危机问题。在能源危机中，大多数工业化国家的农业部门都开始逐渐意识到了自己的作用。如果国家对农业没有支持和保护，那么就会导致越来越多的土地被荒废，所以把部分农业用地转为生产能源和工业品是很有可能实现的。现代化农业越来越依靠外部投入，特别是能源、肥料和农药等高能商品的外部投入。然而，要想使农业用地生产能源和工业品这项工作和研究取得成功，还需要在改善对保护的破坏和经济方面的合理性。

具有高效的光合能力的作物是最理想的生物燃料作物。就目前的情况来看，芒属作物可以算得上是一种理想的生物燃料作物。"芒"是原产于中国华北和日本的一种植物，这种植物具有很多优点：其中生长速度快是最显著的一个特征。它一季就能长 3 米高，所以也有人称它为"象草"；另外"芒"的生长适应性也非常强，这种作物从亚热带到温带的广阔地区普遍都能够正常生长，它不仅能在强日照和高温的条件下迅速生长，对肥水的利用率很高，而且

※ 玉米也是能原作物吗

97

认识我们未来的能源

在其生长期内，还可以凭借根状茎上的强大根系有效地吸取地下的天然养料，不需要施化肥和喷洒农药；在者就是"芒"在收割时比较干燥，所以燃烧效率比较高。其植株体内只有20％～30％左右的水分，芒在燃烧时释放出的二氧化碳和它在生长过程中从大气中吸收的二氧化碳是等量的，并不会增加大气中二氧化碳的含量；最后还有一个最重要的特点就是芒的成本较低，芒属作物所生产的能源，相当于油菜子制作生物柴油的两倍，但是其成本却还不到种植油菜的1/3。而且芒的产量很高，据试验得知，芒属作物作为燃料作物时，每公顷的产量高达44吨，而且还可连续收获多年。如果每公顷年均"收获"12吨石油，那么这将比目前现有的任何能源植物都要高出许多。

生物能源属于再生能源的一种，和风能、太阳能等一样都是取之不尽，用之不竭的。科学家研究表明，每1公顷的油菜能够生产1200升植物油和1060升的氧气，不仅植物油可供人们食用，而且所释放出的氧气也相当于40个人1年所需的氧气量。

※ 芒属作物——高粱

※ 芒属作物——象草

※ 能源作物——油菜

同时，如果经过一些简单的化学反应，还可以将食用油变成生物柴油，而氧气还可以起到净化空气的作用。

另外，由于生物柴油中不含硫化物，所以在其燃烧后不会造成环境负担，成为形成酸雨的因素。另外它还可以借由生物分解，避免对土壤和地下水造成污染。目前世界上的很多国家都在纷纷开发新能源，并迫切希望

能够在维持工业发展的同时，一并减少温室气体的排放量。所以，大力推广种植能源作物，不仅是国际上的环保问题大势所趋，而且也是发展农业经济与改善土壤的要求所致。在现代化农业中，由于对作物的高度生产和单一作物的种植以及过度机械化，已经导致土壤出现严重流失的情况，同时，还有一些不恰当的耕种方式和种植也对上壤有害的作物，并对环境造成一定的不良影响。所以种植能源作物，不仅可以有效防止土壤的流失，还可以帮助土壤建立新的土壤层，从而对土壤起到保护作用。

截止目前为止，科学家们已发现了40多种可以制作"石油"的能源植物。目前也有部分专家们正在对能源作物进行品种的选择和质量的优化，并打算尽早对其实行商业化生产。现在一些欧洲国家已经在大规模地种植芒属植物。据悉，英国甚至准备专门用150万英亩的土地来种植这种生物燃料作物。而德国也兴建了一座发电能力为12万千瓦的发电厂，而其准备用来发电的燃料就是芒属植物、柳树、白杨等的混合物和秸秆。英国科学家和相关政府部门也决定投资2000万英镑，专门用于开发洁净环保的能源新技术，其中绿色植物能源就是研究计划的一部分。科学家们还预言，在未来的20～30年内，之前从事耕种的部分农民将转而生产能源作物，并建立使用"生物燃料"为燃料的发电站。也有一些科学家认为，现在的普通植物对于阳光的利用效率还不到4％，如果通过研究能够使其提高到5％左右的话，那么只需要使用25％的世界农田面积，就可以为人类提供相当于目前所使用的全部化学燃料的能源。

知识万花筒

将来绿色植物将为人们提供越来越多样化的化学制品和能源。从能源作物提炼出来的生物柴油还可以取代石油，并减少人类对石油的过度依赖。因而对能源作物的开发与种植，不仅能使能源可再生和综合利用，减少环境的污染，还可以为农业经济的复苏创造有利条件。因此，能源作物将成为人类开发利用再生能源的又一新途径。

拓展思考

1. 什么是能源作物？
2. 能源作物能为我们的生活带来什么？
3. 你能说出几种能源作物？

雨、雪也能发电吗

Yu、Xue Ye Neng Fa Dian Ma

神奇的大自然里蕴藏着各种丰富的能量，人类可以通过各种各样适当的方法来发掘出各种新的能源。除了如今已经被开发利用的太阳能、风能、海洋能等新能源之外，雨、雪造成的垃圾等看似毫无用处的东西也都被人类找到合适的途径用来发电，而且这种发电的方法还给人们带来了不可估量的社会效益和经济效益。

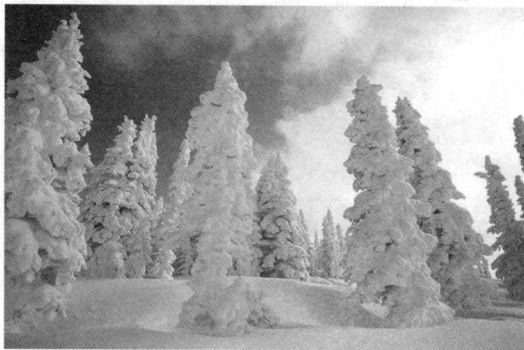

※ 雪

在雨、雪天气时总会产生很多的雨、雪垃圾，尤其是下暴雪的时候，如果路上的积雪没有及时被清理干净，那么就会给人们的交通出行带来很多麻烦，甚至还会发生很多交通事故，积雪过多的话还会导致房屋倒塌等灾害。这些都是让人们头疼不已的环境问题，那么如果人们无法及时地清理雨、雪垃圾，能不能找到一些好的方法和途径对这些必需的产物进行再次利用呢？经过不断地研究之后，科学家们发现，在不久的将来，可能雨、雪垃圾等都可以用来发电。也许这个听上去只是个不太可能实现的设想，但是在未来却是完全可以实现的。

地球上的雨、雪资源是极其丰富的，世界上有34％的国家都属于多雪地区。中国的东北和新疆北部地区每年平均40天以上都会下雪，是全国下雪天数最多的地区，积雪日数都在90天以上。如果积雪发电能够问世的话，相信一定能够使曾经的茫茫雪域高原变成人类未来的又一理想的发电新能源。

大部分的人都知道，雪的温度是在零度以下的，所以雪中就蕴藏着丰富的冷能。而科学家们之所以会提出利用积雪来发电的大胆设想，其实也是因为其工作原理。如果把凝缩器放在高山上，然后把蒸发器放在地面

上，接着再用两根管子将它们分别连接在一起，然后抽出管内的空气使之保持真空状态，接着用地下热水使现代电冰箱、空调中所用的低沸点制冷物质——氟利昂气化，并用雪使凝缩器冷却。由于氟利昂的沸点极低，再加上管内的空气也已经被抽空，所以它很快便会沸腾，并变成气体飞速地向管子的上端跑去，冲击着汽轮机使其旋转，从而带动了发电机发电。通过这项试验可以发现，1吨积雪可以把2～4吨的氟利昂送上蓄液器，所以由此便可看出雪的发电效率是多么惊人！

除了雪之外，中国的南方也属于多雨气候，特别是华东、华南、中南和西南各省一年四季很少有冰雪天气，常年的雨水量都很充足，雨季的时候降雨量更是大得惊人，所以这些地区的雨能资源其实是非常丰富的。如果晴天能够利用太阳能发电，阴雨天能够利用雨能发电，那么不管是在晴天还是阴雨天，人们岂不是都可以享受到大自然给予人类的恩赐，随时都可以享受到电能带来的光和热了吗？

知识万花筒

21世纪是科技飞速发展的时代，是人类不断创新的时代。据悉，现在有一些科学家正在研究雨水发电项目。雨水发电的工作原理是利用一种叶片相互交错排列，并能自动关闭的轮子，这种特殊的轮子叶片可以接收到来自任何方向的雨滴，并能够自动调节开关，从而使轮子的两侧受力一大一小，从而使轮子在雨滴冲击和惯性的作用下快速旋转，以驱动电机发电。如果这项实验能够获得成功，那么雨能电站的建立就可以弥补地面太阳能站在雨季的不足之处，从而使人类巧妙而完美地应用风能、太阳能、雨能带来的诸多效益。相信在人类的共同努力下，雨、雪垃圾一定会为人们带来丰富的电能，使人们的生活时刻都充满光明和温暖！

拓展思考

1. 你知道雨、雪能变成什么能源吗？
2. 雨、雪是利用什么原理进行发电的？
3. 雨、雪发电的效率如何？

生活垃圾的再次利用

Sheng Huo La Ji De Zai Ci Li Yong

随着人们生活水平的不断提高，以及世界人口的迅速增长，在如今的城市里面，生活垃圾的处理问题也成为了一个被各个国家所重视的难题。随着城市的生活垃圾越来越多，以至于相关的处理工作就难以得到及时解决，这不仅会污染人们居住的环境，而且还会破坏大气层，使人类的居住环境越来越恶劣。那么，有没有好的办法可以让我们日常生活中的生活垃圾可以再次被人们所利用呢？

据有关的各项调查统计表明，目前中国城镇的生活垃圾人均日产量约

※ 令人烦恼的生活垃圾

为 0.7～1.0 千克，并且以年均 10％ 的速度在不断增加。如今全国大、中、小城市（镇）生活垃圾年均产量已经接近 2 亿吨，但是数量庞大的垃圾能够循环利用的几率却很低，北京和上海等一些大城市的利用率仅为 1％～5％。目前的一些大、中城市，大多都是采用简单填埋的方式处理生活垃圾，这样不仅浪费了大量的人力、物力，而且还需要占用大量的土地面积，不仅会污染水源和环境，而且还会严重危害我们的健康。研究表明，中国城市生活垃圾的有机物含量近年来呈逐年增加的趋势，而这些有机垃圾中又富含氮、磷、钾等各种养分元素，是很好的有机肥料。如果能够对垃圾中的某些有用物质进行充分地利用，不仅能够减轻环境的负荷，而且还可以解决土壤所需要的大量有机肥料的燃眉之急。

　　有关的研究人员在全面、详细地调查了中国各大、中城市生活垃圾的组成、特点、处理现状以及存在的各种问题之后，专门在此基础上研制开发了一些适合中国国情的生活垃圾分选技术、有机垃圾高温快速连续发酵和综合除臭技术、废弃塑料生产纳米级水溶性包膜胶结剂技术、有机发酵垃圾生产缓解控释专用肥技术和无机垃圾制砖技术等，并且还研发出了能够有效利用城市生活垃圾资源化利用的技术及工艺设备。有关的专家们认为，这类设备不仅具有垃圾处理利用率高、国产化效率高、技术水平高、

※ 你相信这些垃圾可以变成肥料吗？

创新能力强等特点，而且该设备的垃圾分辨率还高达 98％以上，综合处理利用率达到 100％。同时，这种设备还具有技术先进、自动化程度高、便于操作等多重使用优点，在同类研究中，其总体水平目前已经可以达到国际领先的水平了！

利用这项研究成果生产出的有机垃圾复合肥中，有机物质含量大约可以达 40％左右，氮、磷、钾的有效成分含量为 30％左右，即便是参照国家复混肥的标准，这些有机垃圾复合肥也都是合格的。另外其重金属含量也符合标准。此外废弃塑料混聚物黏合剂生产的各种秸秆板材符合刨花板的标准；无机垃圾砖的抗压强度也符合标准；废弃塑料的混聚物黏合剂作为路基中的试件，其强度和耐水性也都符合高速公路和一级公路的标准……由此专家们认为，此项研究的成果在未来社会中一定能够产生不可估量的社会效益和经济效益。

▶ 知识万花筒

人们每天都必须面对生活垃圾的问题，而且也一直在寻找更好的办法解决这个令人烦恼的问题。如今，各种各样的生活垃圾都被人们变成了五彩缤纷的玩具、艺术品、地板、发卡等，甚至还有些被制成了取之不尽、用之不竭的沼气，甚至还可用来发电……这些不仅完全符合中国目前可持续发展观的整体方向，而且还能使人们的生活变得更美好，很大程度地改善了人们的居住环境，减小了危害人们身体健康的几率。而且相信我们如果更勇于探索、善于创新，在不久的将来，生活垃圾不仅不会再成为令我们头疼的问题，而且还会是一项能够给我们带来财富的宝贝！

━━━ 拓展思考 ━━━

1. 垃圾除了给地球带来污染，还有其他用途吗？
2. 你知道生活中的哪些垃圾可以重新回收利用吗？
3. 废弃的垃圾可以做成什么东西？

认识我们未来的能源

潜力无穷的薪炭林

Qian Li Wu Qiong De Xin Tan Lin

薪炭林是以生产薪炭材和提供燃烧原料为主要经营目的的特殊森林，如乔木林和灌木林。在目前众多的新能源中，薪炭林这种古老而又具有清洁功效的森林能源也再次被人们所重视。古时候人们通过伐木为薪来维持基本的生活和生产。但随着时代的发展，煤、石油、天然气等更加便捷的能源出现之后，便使人

※ 薪炭林

们舍弃了这种原始而又落后的能源，如今，当化石能源面临"能源危机"和污染环境问题的时候，很多国家便又重新想到了开采和利用薪炭林来解决能源问题。

薪炭林是一种具有显著效果的可再生能源，而且在我们的地球上，几乎所有的树木都可以用作燃料，而没有特定的树种的限制。通常情况下，人们多会选择生命力强、生长速度快、耐干旱、适应性强、耐樵采、再生能力强和燃值高的树种进行培育经营，而且多会以硬材阔叶林为主，大多实行矮林作业。中国目前由五大林种，分别是薪炭林、用材林、经济林、防护林、特种用途林等构成的。

以生产能源为目的的森林薪炭林是众多森林能源中的一种。这种形式的森林既有天然形成的，也有人工培育的。另外，在一些森林抚育、采伐以及木材加工的过程中，所产生的各种剩余物、小径木、废材等等属于薪炭林的一种。

由于森林能源和煤、石油、天然气等化石能源的特性不同，是一种可以再生的能源，所以只要种植与砍伐能够相互协调好，那么这种能源的未来潜力可以说就是无穷无尽的，能够让人们取之不尽、用之不竭。现如

今，还有一些发达国家正在培育短轮伐期的人工矮林，它的生长期更短，在同等时间内可以多次反复采伐，所以，只需要较短的时间，就可为人们提供更多的森林能源。

大力发展森林能源，不仅是一件功在当代、利在千秋的重大事情。而且森林能源所具有生产效益、生态效益和社会效益，也可以为我们的社会带来直接的效益和间接的效益。有人曾做过一项研究，研究指出森林能源的间接效益的价值，要比其直接效益的价值高8倍，这也就是说森林能源的直接效益要比直接效益高得多。

▶ 知识万花筒

在研究能源的发展道路上，科学家们发现，从一些主要国家的能源发展情况来看，他们好像都是从生物质能源到煤、石油、天然气能源，然后再到核能的。但是，科学家们却建议，不管是现在还是将来，世界上大多数国家已经不可能，都不应该再走化学能源这条路了。因为据统计得知，数千万年、甚至上亿年前才形成的石油，在短短的40～50年间就已经被几十个国家开采、利用完毕。其中核能虽然有很大的发展前途，但核聚变的资源也是非常有限的，而核聚变技术的实用化对人类来说还有相当长的一段距离。所以对于发展中国家来说，更适合开发低成本、高效率、适用性强的能源。对于广大的农村来说，一般只适宜发展如风能、太阳能、森林能源、生物能、沼气、小水电等可再生能源。

未来，在偏远的农村和乡镇地区，人们在发展薪炭林的同时，还可以结合农业、养殖业、畜牧业、制砖、制陶、烤烟、制茶等结合起来，使森林能源永续不衰。

在我们的地球上，森林资源的分布是十分广泛而又均匀的，特别适合于发展中国家进行开采和利用，尤其是能够满足农村地区的很多需求。而且以木材为燃料时，燃烧的剩余物不含硫，是最为理想的有机肥料。另外，开发森林能源不仅有利于森林发展、提高营林水平，而且还可以促进木材运用的

※ 森林

现代化。而且发展森林能源的成本较低，效益却不小，只需要依靠现有的

人力物力就可以轻易实施，不需要很高的技术。木材工业还能够利用自身的剩余物达到能源自给或者部分自给的作用，从某种程度上来说也是变相地降低了生产成本。

发展森林能源百利而无一害，不仅能够提供充足的能源，而且对地形等方面也没有太高的要求。甚至还可以充分地将荒山荒岭、房前屋后和田间地头空余的土地利用起来进行植树造林。而且与此同时，发展森林还可以紧固土壤、不造成水土流失、美化环境。薪炭林一般在两三年后就可以进行砍伐和使用。

在 21 世纪薪炭林将作为重要的培育林种，用来发展新能源。今后，随着生产的不断发展，人口的日益增加和人们生活水平的改善，人们对能源的消耗量将越来越大，供给矛盾必将更加突出，这将是发展薪炭林的必然趋势。人类要及早重视森林对我们的重要性，不要滥砍、滥伐，应多植树造林，改善我们的环境，保护我们的家园——地球。

| 拓展思考 |

1. 什么是薪炭林？
2. 中国的五大林种都是什么？
3. 发展森林能源对地形有要求吗？

微生物能解决人类能源问题吗

Wei Sheng Wu Neng Jie Jue Ren Lei Neng Yuan Wen Ti Ma

微生物是一种肉眼无法看到或者看不清楚的微小生物，但有些微生物是肉眼可以看见的，像属于真菌的蘑菇、灵芝等。通常情况下，微生物的个体微小，结构简单，只能在光学显微镜或者电子显微镜下才能看清楚，它包括细菌、病毒、真菌以及一些小型的原生动物和显微藻类等在内的一大类生物群体，与人类生活有密切的关系。常见的微生物包括细菌、病毒、霉菌、酵母菌等。微生物内含有对人体有益和有害的众多种类，在食品、医药、健康、工农业、环保等诸多领域应用都十分广泛。

目前美国有一个科学研究小组正在利用人工方法制造一种新型微生物，而且还计划利用这种微生物作为一种能够高效率储氢的材料。这种人造微生物还有一个特别之处，那就是它并不存在于目前的自然界中，所以

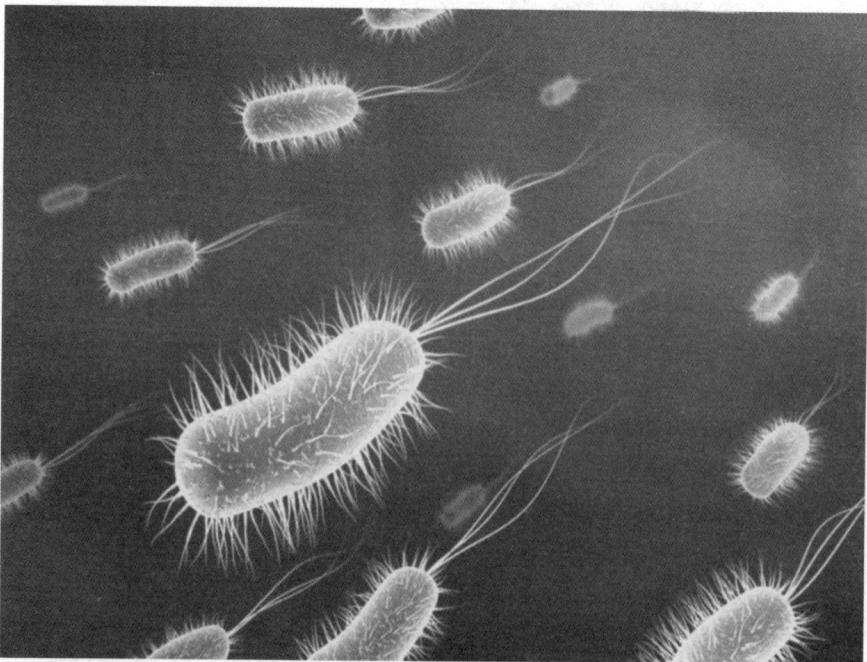

※ 显微镜下的微生物

科学家们仅仅是在这种微生物的体内植入了仅够其维持生命的必需基因，故其体内的基因数目在已知的生物中是最少的。在这项计划中，研究人员还将利用基本的化学物质来合成生殖支原体细胞中具有唯一染色体的DNA，然后再利用放射的方法杀死其遗传物质，最后在利用人工制造的DNA来取代它，从而使生殖支原体细胞中的酶和DNA的功能得到完整地保留，但其整体的基因结构仍将会是采用人工合成的方法。

这种微生物研究与通常的转基因技术有着根本性的区别，前者是采用完全人工合成的基因组去代替天然的基因组；而后者则是从天然存在的基因组中除掉一个基因，或在其中植入另外一种生物的某个基因。

据研究小组的有关专家介绍说，生殖支原体是目前已知的最简单、也是基因组最小的微生物，它只有一个染色体和517个基因，而人类的每个细胞中有23对染色体，约3万个基因。在逐步确定了生殖支原体内仅含有一些并非必需的基因后，他们便开始系统地减少其体内的基因数目，并希望以此来确定生殖支原体的生命存在究竟需要多少基因。经研究，科学家们将基因的数目限定在了265~350个之间。专家表示，这项研究的最终目的其实是为了"组建"一种能够用来制作氢燃料的细菌，或者是一种能够吸收和存储二氧化碳的微生物。这些生物的研究将使科学家们能够在分子的水平和基础上，了解到单个细胞究竟需要多少个基因，才能完成其生长和繁殖的过程，以及它们是如何利用人工方法来制造基因的。

然而科学家们也没有否认，这项研究所涉及到的技术，从理论角度上来说很有很可能会被人们用于制造出新的致病细菌，甚至还有可能会被人们用于研制其他生物武器。另外，人工制造新的微生物研究究竟是否是符合科学伦理的，也在一些科学家中也引起了巨大的争议。所以，科学家在实施研究的同时，也应该慎重考虑清楚，究竟哪些研究细节是可以公布，哪些是不能公布的。而且，在进行实验的时候，也要采取一些特定的措施，例如去除生殖支原体感染人类能力的相关基因等，以确保研究的安全性。其实，所有这些能源科技会在未来某一天成为现实，这都多亏了地球上的最小的生物——微生物的孜孜不倦地工作。微生物转化为能源是在类似科技中最快速的一种方法。而且在如今众多的微生物能源科技当中，微生物也是用最原始的有机物来制造燃料的。在人们的探索研究中，相信终有一天一定会克服种种难题，成为人们赖以生存的新能源之一。

　　微生物其实也就是人们常说的细菌，提起细菌可能人们首先想到的就是会导致疾病、残害人命的病原菌，但是事实上病原菌只是细菌的一小部分而已，大多数细菌不仅不会危害让人类健康，还能给人们带来很多的好处。美国的科学家们现在还发现了利用人造微生物可以制作高效的氢燃料。这些细菌不仅可以把各种各样的物质转化成汽车和暖气的供给燃料，甚至还可以转化成电动玩具以及小家电所需要的电能。可以设想一下，如果我们的手机电池中有数百万个微小细菌在不断地咀嚼着"丰盛的午餐"，那么我们的手机就永远也不会断电了，因为手机在使用电量的同时还会源源不断地释放出一些电能。这些现在听起来也许还有些不可以思议，甚至是有些离谱，但是这的确确是真实的。而且科技在进步，目前也已经有很多在我们看来根本不可能的事情，也都逐渐变成了现实，所以，我们的确有理由相信在不远的将来，这种神奇的微生物发电一定会发生在我们每个人的身边。

拓展思考

1. 什么是微生物？
2. 微生物也是一种能源吗？
3. 微生物是如何向人类提供能源的？

认识我们未来的能源

二

次能源——氢能

第六章

ERCINENGYUAN——QINGNENG

　　随着世界经济的发展，石化燃料的耗量也随之日益增加，促使其储量也日益减少，终有一天这些资源就会枯竭。而人类时刻都离不开能源，但由于人类目前所用的煤、石油、天然气等能源都是属于不可再生能源，而地球的能源存量又是有限的，所以，开发更多的新能源已迫在眉睫，人们迫切需要寻找一种不依赖化石燃料、储量丰富的新型含能体能源！氢能源是一种二次能源，它是通过一定的技术利用其他能源而制取的，不像煤、石油和天然气等可以直接从地下开采、几乎完全依靠化石燃料……

你知道什么是氢能吗?

Ni Zhi Dao Shen Me Shi Qing Neng Ma?

氢能是氢气的一种化学能,它是氢气和氧气经过反应之后所产生的一种特殊能量。氢是宇宙中分布最广泛的物质,75%的宇宙质量都是由它构成的,在我们的地球上,氢主要是以化合态的形式出现的二次能源。工业上有很多方式可以生产氢,常见的有水电解制氢、天然汽水蒸气催化转化制氢、煤炭气化制氢及重油等。

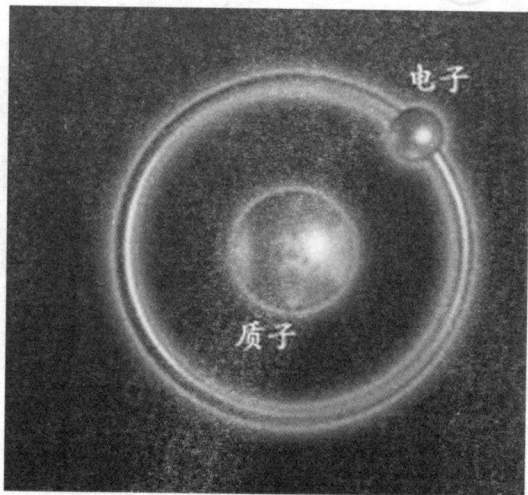

※ 氢

在 21 世纪面对越来越严重的能源危机,氢能是一种极为优越的新能源,它有燃烧热值高的特殊优点,每千克氢燃烧后的热量,约为汽油的 3 倍,酒精的 3.9 倍,焦炭的 4.5 倍。所以,在未来,氢能很有可能会成为世界能源舞台上举足轻重的可再生二次能源。氢能的资源十分丰富,可以由水中制取,而水是地球上最为丰富的资源,据推算,如把海水中的氢全部提取出来,它所产生的总热量比地球上所有化石燃料放出的热量还大 9000 倍。所以氢可谓是演绎了自然物质循环利用、持续发展的全过程。而且,最重要的是氢燃烧后的产物是水,不会对环境造成污染,堪称是世界上最干净的能源。

◎氢能有什么特点?

元素周期表中,氢的原子序数为 1,位于排行之首。所有元素中,氢重量最轻。在标准状态下,它的密度为 0.0899 克/升;在 -252.7℃ 时,可成为液体,若将压力增大到数百个大气压,液氢就可变为固体氢。

在常温、常压下的时候,氢是以气态出现的,在超低温高压下又可成为液态。氢可以以气态、液态或固态的氢化物出现，能适应储运及各种环境的不同要求。

而且在所有气体中，氢气的导热性是最好的，比大多数气体的导热系数高出 10 倍。而且，除了核燃料之外，氢的发热值是所有化石燃料、化工燃料和生物燃料中最高的，为 142 351 千焦／千克，是汽油发热值的 3 倍。氢不仅燃烧性能好，点燃快，与空气混合时有广泛的可燃范围，而且燃点高，燃烧速度快。氢能利用形式多，既可以通过燃烧产生热能，在热力发动机中产生机械功，又可以作为能源材料用于燃料电池，或转换成固态氢用作结构材料。用氢代替煤和石油，不需对现有的技术装备作重大的改造，现在的内燃机稍加改装即可使用。所以在能源工业中，氢的传热载体是极好的。

除了以上的特点之外，由于氢本身是无毒的，所以与其他燃料相比之下，氢燃烧时是最为清洁的，除了会生成水和少量氨气之外，不会产生像一氧化碳、二氧化碳、碳氢化合物、铅化物和粉尘颗粒等对环境有害的污染物质。而少量的氨气在经过适当的处理之后，不会污染到我们的生活环境，而且氢燃烧之后生成的水，还可以用来继续制作氢，从而形成反复循环使用的特点。

※ 氢气燃烧

通过了解氢能的特点，我们不难看出氢其实是一种非常理想的、新的含能体能源。目前液氢已经被广泛用作航天动力的燃料，但如果要将氢能大规模地用于商业，还需要解决很多关键的问题。例如寻找更加廉价的制氢技术，因为氢不是天然的能源，而是一种二次能源，所以在制取的时候需要消耗大量的能量，而且就目前的情况来看，制氢的效率还很低，所以寻求大规模的廉价制氢技术，是目前各国科学家都共同关心并在不断努力研究的问题。另外，由于氢易气化、着火、爆炸，所以如何安全可靠地储氢和输氢，也是一个值得关注问题。当这些问题都得到妥善解决之后，相信人类一定会更大程度地利用更多的氢能源。

　　目前,有许多科学家认为在未来的世界中,氢能可能会替代现有的煤炭、石油等能源,成为21世纪能源舞台上的一支主力军。因为氢能不像煤、石油和天然气等可以直接从地下开采,而是通过一定的方法利用其他能源制取的一种二次能源。

　　在自然界中,氢易和氧结合成水,必须使用电分解的方法才能把氢从水中分离出来。如果用煤、石油和天然气等燃烧所产生的热转换成的电支来分解水制氢,代价就太高了。所以目前看来高效率制氢的基本途径是通过利用太阳能来制氢的,而且这种做法还等于把无穷无尽的、分散的太阳能转变成了高度集中的干净能源了,其意义十分重大。目前利用太阳能分解水制氢的方法主要有太阳能发电电解水制氢、太阳能热分解水制氢、太阳能生物制氢、阳光催化光解水制氢等几种方式。利用太阳能制氢的现实意义虽然十分重大,但是这却也是一个十分困难的研究课题,而且有大量的理论问题和工程技术问题还有待我们去解决,然而世界各国目前都十分重视,不仅投入了大量的人力、物力、财力,而且也已取得了多方面的进展。所以在未来以太阳能制得的氢能,将成为人类普遍使用的一种干净、优质的新型燃料。

　　二次能源是联系能源用户和一次能源的一条中间纽带。它还可以分为"过程性能源"和"含能体能源"。在如今的所有电能中,应用最广泛的就是"过程性能源";而柴油、汽油则是应用最广的"含能体能源"。由于现在"过程性能源"无法大量地进行直接储存,所以汽车、飞机、轮船等机动性较强的现代交通运输工具,就无法直接使用从发电厂输出来的电能,而只能采用像汽油、柴油这一类"含能体能源"。所以,过程性能源和含能体能源两者之间是无法互相替代的,它们各有自己的应用范围。

　　随着人们如今将目光投向寻求新的"含能体能源",作为二次能源的电能,可从各种一次能源中生产出来,例如风能、太阳能、水力、煤炭、石油、天然气、潮汐能、地热能、核燃料等均可直接生产电能。而作为二次能源的汽油和柴油等则不然,生产它们几乎完全依靠化石燃料。随着化石燃料耗量的日益增加,其储量日益减少,终有一天这些资源将要枯竭,这就迫切需要寻找一种不依赖化石燃料的、储量丰富的、新的含能体能源。氢能正是一种在常规能源危机的出现、在开发新的二次能源的同时,人们期待的一种能源。

拓展思考

1. 什么是氢能?
2. 氢能有什么作用?
3. 氢能可以无限量地制取吗?

人类为什么要重视氢能能源

Ren Lei Wei Shen Me Yao Zhong Shi Qing Neng Neng Yuan

氢是构成宇宙质量的大部分物质，也是宇宙中分布最广泛的物质，所以氢能也被称为是人类的终极能源。氢的燃烧效率极高，只要在汽油中加入 4％ 左右的氢气，就可以使内燃机节油量高达 40％。在美国、日本、欧盟等国家和地区，氢能技术目前已进入系统实施阶段。

氢能是氢气和氧气经过反应之后产生的一种能量。由于氢气必须从水、化石燃料等含氢物质中制得，因此是二次能源。氢能被视为 21 世纪最具发展潜力的清洁能源，自 200 年前开始，人类就对氢能的应用产生了极大的兴趣，到 20 世纪 70 年代以来，世界上的许多国家和地区也广泛展开了对氢能的研究。

早在 1970 年的时候，美国的通用汽车公司在技术研究的过程中就提出了"氢经济"的概念。到了 1976 年美国斯坦福研究院又开展了有关氢经济的可行性研究。到了 20 世纪 90 年代中期，在对较低或零废气排放的交通工具的需求、持久的城市空气污染、减少对外国石油进口的需要、CO_2 排放和全球气候变化、储存可再生电能供应的需求等诸多因素的汇

※ 以氢能为燃料的飞机

合下，氢能经济的吸引力又被扩大了。作为一种清洁、高效、安全、可持续的新能源，氢能不仅被视为是未来最具发展潜力的清洁能源，更被当作人类的战略能源发展方向。

日前美国政府还明确提出了未来的氢计划，政府还亲自宣布将拨款17亿美元用来作为支持氢能开发的资金。按照美国的计划，到2040年的时候，美国每天将减少使用1100万桶石油，而你知道这个数字代表什么吗？这个数字是现在美国每天的石油进口量！这也就意味着，美国将不再需要进口石油！

世界各国如冰岛、中国、德国、日本和美国等不同的国家之间在氢能交通工具的商业化的方面已经出现了激烈的竞争。虽然其他利用形式是可能的（例如取暖、烹饪、发电、航行器、机车），但氢能在小汽车、卡车、公共汽车、出租车、摩托车和商业船上的应用已经成为焦点。

从20世纪60年代初开始，中国就已经开始了对氢能的研究与发展。为了发展中国的航天事业，中国科学家对作为火箭燃料的液氢的生产、H_2/O_2 燃料电池的研制等项目的开发都进行了大量而有效的工作。从20世纪70年代开始，中国就已经将氢作为能源载体和新的能源系统进行开发。现在，为了能够进一步地大规模开发氢能，并推动氢能利用的发展，氢能技术目前已经被列入了《科技发展"十五计划"和2015年远景规划》中。

随着中国经济的不断飞速发展，汽车工业已经成为中国的支柱产业之一。2007年中国已成为世界第三大汽车生产国和第二大汽车市场。与此同时，汽车燃油消耗也达到8000万吨，约占中国石油总需求量的1/4。在能源供应日益紧张的今天，发展新能源汽车可谓是一件迫在眉睫的大事。而如果能够研发出用氢能作为汽车燃料的汽车，那么无疑就能够有效地缓解能源危机带来的压力。

一直以来，氢燃料电池技术都被认为是能够利用氢能解决未来人类能源危机的终极方案。长时间来上海都是中国研发和应用氢燃料电池的重要基地，包括上海神力、上汽、同济大学等企业和高校在内，都一直在从事研发氢燃料电池和氢能车辆的项目。

▶ 知识万花筒

如今燃料电池发动机的关键技术虽然已经基本被突破，但是为了使产业化技术更加成熟，对燃料电池产业化技术进行改进、提升等更进一步的工作仍然是不能懈怠的。在这个阶段，技术的开发和研究还需要政府加大人员和资金方面的投入力度，例如对掌握燃料电池关键技术的企业在资金、融资能力等方面予以支持。从而才能保证中国在燃料电池发动机关键技术方面已经取得的水平和领先优势。除此之外，在对燃料电池关键原材料、零部件国产化、批量化生产等方面，国家还应加快开发力度，不断整合燃料电池各方面优势，并给予大力支持，才能带动燃料电池产业链的延伸。与此同时，政府还应给予相关的示范应用配套设施，并且支持对燃料电池相关产业链予以培育等，以加快燃料电池车示范运营相关的法规、标准的制定和加氢站等配套设施的建设，推动燃料电池汽车的载客示范运营。相信在政府的大力支持下，氢能汽车在未来一定能够成为朝阳产业！

拓展思考

1. 你知道氢能能源的作用吗？
2. 中国是从什么时候开始研究氢能的？
3. 氢能未来可以作为汽车的燃料吗？

氢能都能干些什么？

Qing Neng Dou Neng Gan Xie Shen Me?

氢能在很多方面都可以被大量利用，目前，有些对氢能资源的利用已经从研究试验变成了实现，而有的则还在被科学家努力地追求和研发。为了能够达到清洁新能源的最终目标，相信在我们未来的生活中，对氢的利用一定会充满人类生活的方方面面。

※ 气球为什么能飞上天？

◎依靠氢能可上天

首先我们不妨从古到今，把氢能的主要用途简要地叙述一下。在秦始皇统一中国的那一时期，由于秦始皇想长生不老，所以便积极地支持炼丹术。而最早的炼丹术士所接触的其实也就是氢的金属化合物。多少帝王都曾梦想着能够长生不老，或着幻想着能遨游太空、踏上美丽的月亮，但是由于当时的科学技术水平所限，真是登天无梯。

到了 1869 年的时候，俄国著名的学者门捷列夫整理出化学元素周期表，并把氢元素放在了化学元素周期表的首位，此后之后才从氢出发，不断寻找与氢元素之间的关系，从而为众多的元素打下了坚实的基础，人们对氢的研究和利用，从哪个时候起就更加得科学化了。1928 年德国齐柏林公司利用氢的巨大浮力，制造了世界上第一艘 "LZ—127 齐柏林"号飞艇，首次把人们从德国运送到南美洲，实现了空中飞渡大西洋的航程。大约在经过了十年的运行之后，航程达到了 16 万多千米，使 1.3 万人都体会到了飞上天的滋味，而这一切都是氢气创造的奇迹。

随着氢能飞艇飞上天的梦想被实现，20 世纪 50 年代的时候，美国又

利用液氢作为超音速和亚音速飞机的燃料，使 B—57 双引擎轰炸机改装成了氢发动机，实现了氢能飞机上天的愿望。特别是 1957 苏联宇航员加加林乘坐人造地球卫星遨游太空，以及 1963 年美国的宇宙飞船上天，紧接着 1968 年阿波罗号飞船也实现了人类首次登上月球的创举……所依靠的绝大部分都是氢燃料的功劳。面向科学的 21 世纪，随着先进的高速远程氢能飞机和宇航飞船成为现实，过去帝王的梦想将被现代的人们轻易就变成现实。而在未来，随着氢能的不断研发和普及，人类大量利用氢能的日子相信已经为时不远了。

◎利用氢能可开车

氢是一种非常高效的燃料，每公斤的氢在燃烧之后所产生的能量大约为 33.6 千瓦小时，几乎等于是汽车燃烧的 2.8 倍。氢气燃烧不仅热值高，而且火焰传播速度快，点火能量低（容易点着），所以氢能汽车比汽油汽车总的燃料利用效率可高 20%。当然，氢燃烧之后主要的生成物就是水，只有极少的氮氧化物，绝对没有汽油燃烧时所产生的一氧化碳、二氧化碳和二氧化硫等会造成环境污染的有害物质和成分。所以，在未来的世界中，氢能制成的汽车可能会成为最清洁的理想交通工具。

※ 宝马氢能车

日本、美国、德国等许多汽车公司，以氢气代替汽油作为汽车发动机的燃料，已经经过了多次的试验。最终的实验结果也证实了氢能技术的确是可行的，但是目前最大的难题就是廉价氢的来源问题。目前，氢能汽车的供氢问题，是将金属氢化物作为贮氢材料，释放出氢气所需的热则是由发动机冷却水和尾气余热所提供的。

目前所制成的氢能汽车主要有两种，一种是全烧氢汽车，另外一种则是氢气与汽油混烧的掺氢汽车。通常情况下，掺氢汽车的发动机只要稍加改变或者不改变，就可以提高燃料利用率并减轻汽车尾气所造成污染。使用 5％左右的掺氢汽车，平均热效率大约能提高 15％，节约汽油 30％左右。因此，目前大多使用的都是掺氢汽车，等氢气可以大量供应之后再推广全燃氢汽车。

德国奔驰汽车公司现在已陆续推出了面包车、公共汽车、邮政车和小轿车等多种型号和款式的燃氢汽车，其中以燃氢面包车为例，使用 200 千克钛铁合金氢化物为燃料箱，代替 65 升汽油箱，可连续行车 130 多千米。而且德国奔驰公司制造的掺氢汽车，所使用的储氢箱也是钛铁合金氢化物，可在高速公路上正常行驶。

掺氢汽车有一个很大的特点，那就是汽油和氢气的混合燃料可以在稀薄的贫油区工作，并能改善整个发动机的燃烧状况。在中国许当交通拥挤的城市，汽车发动机多处于部分负荷下运行、采用掺氢汽车尤为有利。特别是对于那些有如合成氨生产的工业余氢未能回收利用，如果将其作为掺氢燃料，其在环境效益和经济效益方面的优势都是非常可观的。

◎燃烧氢气能发电

不管是水电、火电还是核电，大型电站通常都是把发出的电送往电网，由电网输送给用户。但是由于各种用电户的负荷不同，所以电网有时候是高峰，有时候则是低谷。为了调节峰荷，电网中常需要启动快和比较灵活的发电站，而氢能发电就最适合扮演这个角色了。利用氢气和氧气燃烧，组成氢氧发电机组。这种机组是火箭型内燃发动机配以发电机，它不需要复杂的蒸汽锅炉系统，因此结构简单、启动迅速、维修方便，在电网低负荷时，还可以吸收多余的电来进行电解水，从而生产氢和氧，以备高峰时发电使用。这种调节作用对于用网运行是十分有利的。另外，氢和氧还可以直接改变常规的火力发电机组的运行状况，提高电站的发电能力。例如利用液氢冷却发电装置，氢氧燃烧组成磁流体发电，进而提高机组功率等。

认识我们未来的能源

氢燃料电池是一种更为新颖的氢能发电方式。这是一种利用氢和氧直接经过电化学反应而产生电能的先进装置。简单来说就是水电解槽产生氢和氧的逆反应。20 世纪 70 年代，日、美等科技较为发达的国家就已经开始加紧研究各种燃料电池，目前已经进入商业性开发阶段。如今日本已经成功建立了万千瓦级燃料电池发电站，美国也有 30 多家厂商在开发燃料电池。英、法、德、意、荷、丹以及奥地利等国，目前也有 20 多家公司都已经投入了对燃料电池的研究，这种新型的发电方式如今已引起全世界的普遍关注。

燃料电池的原理不需要进行燃烧，而是将燃料的化学能直接转换成为电能，不仅能源转换的效率可达 60%～80%，而且噪声小、污染少，且装置的大小可以灵活调节。早期的时候，由于这种发电装置很小，而且造价很高，所以通常只用在宇航中作电源。但是现在这种装置的价格已大幅度降价，所以已经逐步地开始转向地面应用。

目前，有很多种燃料电池，主要有以下几种：

1. 磷酸盐型燃料电池

最早的燃料电池是磷酸盐型燃料电池，目前，这种电池的工艺流程已经基本成熟，而且美国和日本已经分别成功建成了 4500 千瓦以及 1.1 万千瓦的磷酸盐型燃料电池商用电站。这种燃料电池的操作温度在 200℃左右，最大的电流密度可以达到 150 毫安/平方厘米，发电效率约为 45%，燃料以甲醇、氢等为最佳，空气就可以用作氧化剂，但催化剂则需要铂系列。目前为止，这种电池的发电成本尚高，每千瓦小时的发电成本约为 40～50 美分左右。

2. 融熔碳酸盐型燃料电池

融熔碳酸盐型燃料电池是继融熔碳酸盐型燃料电池之后的第二代燃料电池，它的运行温度大约在 650℃左右，发电效率则约为 55%。现在日本三菱公司已经通过此技术建成了 10 千瓦级的发电装置。由于融熔碳酸盐型燃料电池的电解质是液态的，而且工作温度高，并可以承受一氧化碳的存在，所以氢、一氧化碳、天然气等均可用做燃料。其需要的氧化剂和磷酸盐型燃料电池一样都是用空气就可以了。每千瓦小时的发电成本低于 40 美分。

3. 固体氧化物型燃料电池

第三代燃料电池是固体氧化物型燃料电池，它的操作温度需要 1000℃左右，发电效率比前两代都要高，越可超过 60%。目前有不少国家都在研究如何将它适于建造大型发电站，美国西屋公司现在也正在进行开发和研究，这种装置一旦研制成功，每千瓦小时的发电成本将低于 20

美分。

除了这三代燃料电池之外，还有几种其他类型的燃料电池，例如运行温度在200℃左右，发电效率可高达60％，且不用贵金属作催化剂的碱性燃料电池，瑞典目前已经开发了一个200千瓦的此类电池装置用于潜艇。早期的时候，美国曾用于阿波罗飞船的一种称为美国型小型燃料电池，实为离子交换膜燃料电池，发电效率高达75％，运行温度低于100℃，但是由于此类装置必须以纯氧作氧化剂，所以应用并不广泛。后来，美国又研制出了一种能够用于氢能汽车的燃料电池，充一次氢就可以行300千米左右，时速可达到100千米，这是一种可逆式质子交换膜的燃料电池，发电效率最高达80％。

由于燃料电池是电解质氢的逆反应，所以氢气是燃料电池理想的燃料。除了建立固定电站外，燃料电池也特别适合作为移动电源和车船的动力。

◎家庭用氢真方便

随着化石能源的缺乏，以及制氢技术的不断发展。未来对氢能的利用可能会普及到每一个家庭中。首先，可能会像输送城市煤气一样，通过氢

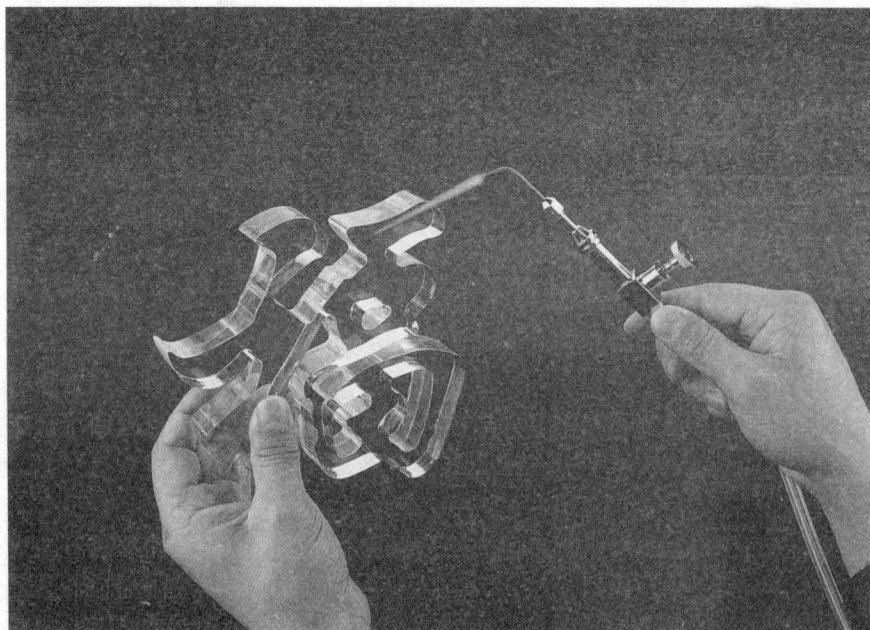

※ 利用氢能进行火焰抛光

气管道送往千家万户，但初步估计只能从一些发达的大城市开始。另外，每个用户也可以采用金属氢化物贮罐的方式将氢气储存起来，然后分别和厨房灶具、氢气冰箱、空调机、浴室等等接通，并且在车库内与汽车充氢设备进行连接。人们的生活靠一条氢能管道，就可以代替煤气、暖气，甚至是电力管线，而且连汽车的加油站也省掉了。这种既清洁又方便的氢能系统，不仅能为人们创造舒适、干净的生活环境，还可以为人们减轻很多繁杂事务。

氢能在切割、焊接等工业领域已经有非常久的历史了，尤其是在首饰加工行业，比如在对有机玻璃制品进行火焰抛光、连铸坯切割，以及制药厂水针剂拉丝、封口等领域的应用都非常广泛。

▶ 知识万花筒

作为新能源最受人们普遍关注的其实最终还是其安全性。而和其他能源相较之下，氢能源不管是从技术方面，还是使用方面来说都是绝对安全的。首先氢在空气中的扩散性很强，即便是发生氢泄漏或者燃烧状况，都可以很快地垂直升到空气中并消失得无影无踪。其次氢本身也没有任何毒性或者放射性，不会对人体造成任何伤害，更没有污染方面的不良因素，不会产生温室效应，不会对我们的环境造成危害。目前科学家已经做过很多有关氢能的安全试验，例如在汽车着火试验中，分别将装有氢气和天然汽油的两个燃料罐点燃，结果氢气作为燃料的汽车在着火之后，氢气虽然剧烈燃烧，但是火焰却总是向上冲，对汽车的损坏比较缓慢，车内的人员有足够的时间进行逃生；而装有天然燃料的汽车着火之后，由于燃料中的天然气比空气重，所以火焰不断向汽车四周蔓延，很快便包围了汽车，从而伤及车内人员。通过这个实验，足可以证明氢是一种绝对安全的燃料。

拓展思考

1. 氢能为什么可以使气球飞上天？
2. 你知道氢能在家庭有什么作用吗？
3. 氢的使用是否安全？

氢能源的用途和作用

Qing Neng Yuan De Yong Tu He Zuo Yong

目前，世界上使用的氢绝大部分都是从石油、煤炭和天然气中制取的，这就对本来就很紧缺的矿物燃料造成进一步威胁，影响了人们生产的长远利益。而少量的氢是通过电解水的方法制取的，但因此消耗了很多的电能，从经济利益上看很不划算，那么人们通过什么办法才能制取大量的、廉价的氢能呢？

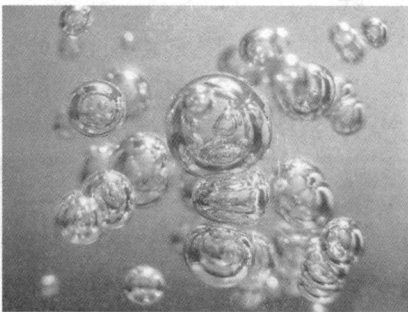

※ 水中的氢

事实上，氢在大自然中的分布量非常广泛，其中水中含有 11% 的氢，可谓是一个装有大量氢的大"仓库"。而且地球表面约有 70% 的水，储水量非常大，所以，氢可以说是"取之不尽、用之不竭"的能源。通常情况下，氢的主体都是以化合物——水的形式存在的。如果能够将氢从广泛的水资源中制取出来，可以说氢能就会成为一种价格相当低廉的能源，会被人们广泛利用。那么如何才能用合适的方法把氢从水中制取出来呢？

氢是一种无色无味的气体，每一克氢燃烧后能释放出 142 千焦耳的热量，是一克汽油发热量的 3 倍。氢的重量非常轻，它比天然气、汽油、煤油的重量都轻，因而其携带和运送都很方便，也是用于航天、航空等高速飞行交通工具最合适的燃料。氢在氧气里可以燃烧，其火焰的温度可高达 2500℃，因而人们也常用氢气焊接或者切割钢铁等材料。

经过有关的试验之后表明，在燃烧同等重量的汽油、煤以及氢气的情况下，氢气所产生的能量是几种能源中最多的，而且氢在燃烧之后也不会产生灰渣和废气，它的产物只有水，而又不会对环境造成污染；而煤和石油在燃烧之后不仅能量不如氢能，而且还会生成二氧化碳和二氧化硫，此外，它们还会分别产生温室效应和酸雨。除此之外，地球上煤炭和石油的储量也是十分有限的，而氢则主要存在于水中，燃烧后剩下的水还可以源源不断地产生氢气，可以不停地循环利用，所以，在众多的新能源中，氢

能可以称得上是 21 世纪最理想的能源之一。

氢不仅有十分广泛的用途，而且适用性也很强。它不仅可以用作燃料，而且金属氢化物还具有一定的化学能、机械能和热能等相互转换的功能。氢能作为气体燃料，首先被想到的作用就是应用在汽车上。世界上目前也有一些国家其实在很早的时候就制造出了以液态氢为燃料的汽车。将氢作为汽车燃料的话，不仅有利于环保，而且在低温下也可以很容易就发动汽车，而且对发动机的腐蚀也相对较小一点，还可以起到延长发动机使用寿命的作用。由于氢气与空气可以均匀地混合在一起，所以一般汽车上所用的汽化器装置也可以因为使用氢能而完全省去。使用氢能，可以使现有的汽车构造更加简单、并节约更多的原材料。此外，氢能还有一个更神奇的作用，那就是只要在汽油中加入 4% 的氢气，就可以用它作为汽车发动机的燃料，并可以降低了汽车的耗油量，节省约 40% 左右的汽油，而且这种使用氢能的方法还不需要对汽油发动机作很大的改进。

除了以上的优点之外，使用氢燃料的电池，还可以把氢能直接转化成为电能，从而使人们能更方便地使用氢能。迄今为止，这种氢燃料电池已经在宇宙飞船和潜水艇上做过多次实践，而且效果还很不错。但由于其制作成本较高，所以在短时间内可能很难被普遍使用。

液态的氢不仅可用作汽车、火车、飞机等交通工具的燃料，也可用作火箭、导弹等航空工具的燃料。在一定的温度和压力下，氢气很容易从气体转变成为液体，所以在运输氢能的时候，不管是用铁罐车，还是轮船运输或者公路拖车进行运输都是很方便的。

知识万花筒

氢能源不仅能人们带来取之不尽、用之不竭的能量，还可以使人们的环境更环保。时至今日，氢能源的制取和利用已经成为了新能源的发展趋势，发展氢能源，势必能够为人类建立一个美好、环保的新世界迈出重要一步，所以我们要不断努力，探求更多更好的方法来摄取和利用氢能源，并制取出大量的氢能源来为人类提供更好的服务。根据科学家的研究发现，氢除了能够从水中制取以外，还可以利用微生物、太阳等产生氢气。随着人们对太阳能的研究和利用，以及科技水平的不断提高，人们目前已经开始准备利用阳光分解水来制取氢气。目前，如何利用太阳能生成"氢"，是世界各国都非常想知道的答案。

拓展思考

1. 氢是从水中来的吗？
2. 怎样才能从水中制出氢？
3. 除了水中制氢之外，还有什么制氢方法？

固态氢能的发现

Gu Tai Qing Neng De Fa Xian

氢能不仅是一种完全无污染的可再生能源，也是最为理想的绿色可再生资源。但如何才能将氢储存在汽车、飞机、火车、火箭等交通工具和先进的航天器上呢？这却是使用氢能所面临的一个大难题。最初，人们只知道氢能源是一种值得研发的能源，却没有一种合适的方法能很好地解决氢能的储存这一难题。但随着科技的不断进步，人们最终还是利用自己的智慧解决了这个难题。

能源是人类赖以生存和社会发展的根本保障。但由于随着世界人口的不断增长，人们对能源的需求量也在与日俱增，像煤、石油、天然气等不可再生资源的损耗也随之越来越多。因为化石燃料是不可再生的资源，而且储量也是十分有限的，且大量地使用化石燃料也对我们人类的生态环境造成了相当严重的污染。甚至国与国之间、地区与地区之间现在为了争夺越来越少的化石燃料，还出现了政治以及经济方面的纠纷，并发生了不必要的冲突和战争。所以，探寻和开发新能源现在已经成为被全世界都十分重视的一项大事，而在所有的新能源中，可再生能源无疑是人们研究的热点。虽然目前太阳能、风能、水力能、潮汐能、波浪能和地热能等可再生能源已经得到了相应推广，但是它们都却都需要具有"可储存"特性的氢来作为载体。

我们都知道，天然气可以用巨大的密封储罐进行低压储存，等需要的时候打开就可以了，但你知道吗？氢气也是一样可以的！但因为氢气密度过低的原因，这种方法仅能够使用于对氢气的大规模储存方面。然而随着科学技术的飞速发展，人们对氢能的利用似乎出现了转机。美国华盛顿卡内基研究所的温迪·麦克和她的同事经过研究之后发现：在足够高的压力下，氢分子可以被压缩到用冰做成的一种特殊"笼子"里面。但由于氢的分子实在是太小了，所以不能像甲烷等分子较大的气体，可以被轻易地"关押"在"冰笼"里，而是很容易就能在"冰笼"里随便进出。所以如何将氢分子"关押"起来，也成为了一直是困扰研究人员的最大难题。不过经过多次的实验，科研人员发现，在压力足够高的情况下，氢分子就会成双成对或者 4 个一组地自觉进入"冰笼"里面。

为了使氢分子能够产生冰的"笼形物",研究人员首先把氢和水的混合物施加到 2000 个大气压,刚开始的时候,氢和冰的确是分离开的,而且氢还在冰的周围形成了气泡;但是当温度下降到零下 24℃的时候,水和氢就融合成了"笼形物"。一旦"笼形物"形成了,就能够用液氮作为冷却剂在低压下将氢储存起来。按照目前的使用情况看,大多数的氢能汽车都必须使用液态氢才能正常使用,而液态的氢又必须在零下 253℃的超低温度下才能保存起来,所以这就需要使用既复杂又昂贵的液氮冷却系统。这两种方法在相比之下,液氮的成本相对要低得多,因此该方法其实是具有非常良好的发展前景的。将氢能用"冰笼"储存起来,作为人们可以利用的能源,其燃烧后的唯一副产品也只有一些水。

美国匹兹堡大学有一个研究小组曾报道过一个用光将水分解成氢和氧的重大突破。这项研究的具体操作方法是科学家们利用改良后的二氧化钛作为催化剂涂层涂在半导体芯片上。当使二氧化钛在天然气火焰中蒸发的时候,火焰中的某些碳原子会进入二氧化钛,这就使利用光化学方法分解水的效率提高到了 11%,比以前的效率增加了 10 倍左右,而这个研究的发现,也就意味着一种用太阳能直接生产氢燃料的方法即将诞生了。

通过上述的两项研究成果可以发现,人类目前向能够广泛使用氢能的目标又前进了很大一步。科学家们认为,氢可以在"笼子"中冷藏可能是自然界始终都存在的事情。天文学家曾指出,小行星、彗星以及木星的多冰卫星等小型天体可能损失了其曾经含有的氢,而在现在看来,这些天体上的冰中也很可能会隐藏有大量的氢,如果将来的某一天,人类能够将这些氢制作成为在星际间旅行的火箭燃料,那该有多么美好啊。

知识万花筒

随着科学技术的不断进步,目前在氢的应用中所存在的成本过高、储存困难、安全系数低、可能带来的生态破坏等问题都会得到很好地解决。21 世纪是大力发展以氢能源为新能源的经济世纪,氢能源也必将为人们带来一个无污染的、绿色环保的繁荣世界。

拓展思考

1. 固体氢能是什么?
2. 怎样才能制作出固体氢能?
3. 使用氢能需要注意哪些问题?

认识我们未来的能源

神秘的核聚变能源

Shen Mi De He Ju Bian Neng Yuan

人们之所以会认识热核聚变，其实是从氢弹爆炸开始的。由于氢弹在爆炸时会释放出极大的能量，并给人类带来灾难。所以科学家们一直都十分希望将来的某一天能够发明出一种可以有效地控制"氢弹爆炸"过程的装置，让氢弹爆炸的时候，能量能够持续稳定地输出，并希望能以此来解决人类面临的能源

※ 爆炸的氢弹

短缺危机。利用核聚变进行发电是 21 世纪的 一项重要技术，这种技术主要是把聚变燃料加热到 1 亿摄氏度以上的高温，从而让它产生核聚变，然后人们就可以利用它输出的热能。

核能包括裂变能和聚变能两种主要的形式，它是能源家族中的一位新成员。如果是由重的原子核变为轻的原子核，叫做核裂变，如原子弹爆炸；如果是由轻的原子核变为重的原子核，就叫做核聚变，如太阳发光发热的能量来源。裂变能指的是重金属元素的质子通过裂变而释放出一种巨大的能量，目前人类已经通过特殊技术将这种能量实现商用化。由于裂变需要的铀等重金属元素在地球上的含量稀少，而且常规裂变反应堆会产生长寿命、放射性较强的核废料等污染我们的环境，而这些因素从一定程度上来说限制了裂变能的发展，所以核聚变的形式目前还尚未真正被实现商用化利用。

核聚变指的是由质量小的氘或氚原子，在超高温或者高压等特定的条件下，发生原子核互相聚合的作用，从而生成一种新的质量更重的原子核，并且伴随着巨大的能量释放出来的一种核反应形式。在原子核中蕴藏着非常巨大的能量，从一种原子核转化为另一种原子核，往往还伴随着巨大能量的释放。

氢弹是比原子弹威力更大的一种核武器，它主要是通过利用核聚变来

发挥作用的。核聚变的过程与核裂变恰好是相反，核聚变是几个原子核聚合成一个原子核的过程，只有较轻的如氢的同位素氘、氚等原子核才会发生核聚变。核聚变会释放出巨大的能量，而且要比核裂变释放出的能量大上很多。由于太阳光和热就是由核聚变产生的，所以太阳的内部其实就是一直在连续进行着氢聚变成氦的过程。

利用核能的最终目的，其实就是要实现受控核聚变所释放的能量。核聚变和核裂变相比之下，有两个十分显著的优点：一是因为地球上蕴藏的核聚变能源远比核裂

※ 氢弹爆炸产生的蘑菇云

能量丰富得多。据专家测算，每升的海水中都含有约 0.03 克氘，而按照地球上有 70％的面积被海水所覆盖来计算的话，仅在地球上的海水中就藏有 45 万亿吨的氘。按照 1 升海水中所含的氘，经过核聚变释放的能量相当于 300 升汽油燃烧后释放出的能量。那么如果把地球上海水中所有的氘都用于核聚变反应的话，所释放出的能量足够人类使用几百亿年，而且核聚变反应反应产物大多都是无放射性污染的氦。第二个优点是由于核聚变过程中需要维持极高的温度，所以一旦某一环节出现问题，燃料的温度下降，那么核聚变反应就会自动终止。而这也足以说明，聚变堆是绝对安全的。所以聚变能不仅是一种无限的、环保的能源，其安全性也比较突出。而这也正是为什么世界上的很多发达国家都不惜花费大量的人力、物力、财力，都要竞相研究、开发聚变能的真正原因所在。

如今能够实现核聚变的方式有很多种。而最早的著名方法要数"托卡马克"型磁场约束法。它是通过利用强大的电流所产生的强大磁场，把等离子体约束在极小的范围之内。虽然这种方式在实验室条件下已接近获得成功，但如果想要达到工业应用的水平，还是有很长一段距离的。按照目前的技术水平来看，要建立"托卡马克"型核聚变装置，尚需要大量的资金和技术支持。惯性约束法也是一种可以实现核聚变的方法，惯性约束核聚变其实也就是把几毫克的氘和氚的混合气体或者固体，装入一个直径约为几毫米的小球里面，然后从外面均匀地射入激光束或粒子束，当球面因吸收能量而向外蒸发的时候，球面内层就会受到它的反作用，由于反作用

力是一种惯性力，靠它使气体约束，所以也称为惯性约束。反作用的力会不断向内挤压，就像喷气飞机气体是以往后喷的动力推动飞机飞行是一样的道理，小球内的气体受到挤压之后压力就会升高，并伴随着温度急剧升高而升高，当温度达到所需要的点火温度（大概几十亿摄氏度）时，小球内的气体便会发生爆炸，而且便随着爆炸还会产生大量的热能。这种爆炸的过程所需的时间极短，只有几皮秒，而 1 皮仅等于 1 万亿分之一。那么每秒钟如果能发生三、四次这样的爆炸，并且能够连续不断地进行下去的话，所释放出的能量也就和 100 万千瓦级的发电站所释放出的能量不相上下了！

虽然从原理上看核能聚变并不复杂，但是由于现有的激光束或粒子束所能达到的功率，离需要的功率还相差甚远，而且其他的一些技术方面还存在一些有待解决的问题，所以才使得惯性约束核聚变至今仍是人类可望而不可及的技术。

▶ 知识万花筒

在当前的社会中核聚变堪称是一种极具发展前途的新能源。核聚变反应是氢弹爆炸的基础，它能够在一瞬间就产生极大的热能，但由于目前人类还无法对这种能量加以有效利用，所以这一技术暂时只停留在试验阶段。如果能够根据人们的意图在一定的约束区域内，有控制地使核聚变反应产生与进行，并实现持续、平稳的能量输出，那么就可以实现受控热核反应。目前这也正是科学家们进行试验研究的重大课题之一。受控热核反应是聚变反应堆的基础，如果聚变反应堆一旦实验成功，那么也就意味着这将会为人类提供既环保、又能取之不尽的新能源！

| 拓展思考 |

1. 什么是核能聚变？
2. 核能聚变反应是怎样产生的？
3. 核能聚变能够为人类提供新的能源吗？

认识我们未来的能源

来

自地球内部的能量——地热能

LAIZIDIQIUNEIBUDENENGLIANG——DIRENENG

第七章

地热能是储存于地球内部的一种巨大的能源。它同太阳能、潮汐能、风能等并称为取之不尽，用之不竭的绿色能源。地球内部热源来自重力分异、潮汐摩擦、化学反应和放射性元素衰变释放的能量等。它不受地域限制，也不受外界环境条件所制约。科学家计算过，只要利用地壳上层一万米内1%的热能就可保障人类相当长时间内的能量需求。地热发电是地热利用的主要方式，地热能在采暖、供热、农业、医学等领域应用广泛。

认识我们未来的能源

认识我们身边的地热能

Ren Shi Wo Men Shen Bian De Di Re Neng

地表浅层地热资源可以称之为地能，是指地表土壤、地下水或河流、湖泊中吸收太阳能、地热能而蕴藏的低温位热能。地表浅层是一个巨大的太阳能集热器，收集了47%的太阳能量，比人类每年利用能量的500倍还多。它不受地域、资源等限制，真正是量大面广、无处不在。这种储存于地表浅层近乎无限的可再生能源，使得地能也成为清洁的可再生能源一种形式。

随着传统化石能源的日益紧缺，人们对能源安全、气候变化的担忧与日俱增，地热能源也越来越得到广泛的关注，在全球范围内激发了新一轮地热能开采热，欧、美、日等国也纷纷加速地热能开发。

在地球的内部，蕴藏着一种巨大的热能，这种热能就简称为地热能。火山是最为猛烈的一种地热显示，而最常见的地热露头当属温泉，这个可能很多人们都深有感触。它们都证实了地球内部热量的外释，但是你知道吗？地球内部大部分热量其实都是通过岩石的传导作用传输到地球表面的。这种通过岩石的传导所传感的热量称大地热流量。可是生活在地球表面的人们只感到太阳辐射所带来的温暖，而对它们并不感知，因为大地热流量的平均能量为每平方米63兆瓦，与太阳的辐射热流量的平均能量每平方米146瓦相比，相差2300倍左右。只有那些深入到地下坑道的矿工们，才能真正地感受到大地热流所蕴含的能量和威力！

地热能系储存于地球内部的热量主要来自于两个方面，一方面是来源于地球深处的高温融溶体；另一方面则是源于放射性元素如U、TU、40K等的衰变。按其属性地热能可分为四种类型：

1. 水热型，也就是位于地球地面下100～4500米的浅处所见到的热水或水热蒸汽；

2. 地压地热能，这是指在某些大型沉积（或含油气）3～6千米盆地深处，存在着高温高压流体，而且其中还含有大量的甲烷气体；

3. 干热岩地热能，这是由于某种特殊的地质条件而造成的高温但又少水甚至无水的干热岩体，需要用人工注水的办法才能将其热能取出；

4. 岩浆热能，这是指储存在700℃～1200℃高温熔融岩浆体中的巨大

热能，虽然这种能量十分大，但是该如何开发利用目前还没有找到合适的方法，仍处于探索阶段。

在以上叙述的四类地热能中，只有第一类水热型的地热资源目前已达到了商业开发利用的阶段，其他几种尚在寻找获取的方法。

地热的温度是随着深度而不断增加的，从地面向下平均每深 100 米左右，地温便会升高 3℃左右。但也不派出有些地方随着深度的增加会出现温度迅速增加的现象，比如有些地热异常区每深 100 米，就有可能会增加几十度的温度。

在中国也有三条地热异常带。第一条是中国的东部地区：台湾省的水热活动十分强烈，在上百处水热活动区中，有 5 处水温几乎都在 100℃以上，最高的还可达到 140℃左右。另外福建、广东的水热活动区也有近 400 处之多，而且不少地区的水温超过 90℃以上。其次西南地区的地热资源比东部地区更为丰富：喜马拉雅山麓云南西部，水热活动点有 1000 多处，仅温度超过当地水沸点的热水资源就有 14 处。平均海拔在 4500 米以上的藏北大草原不仅是人烟稀少的天然牧场，而且其地下还蕴藏着三、四百个地热群，如那曲、当雄、班戈和羊八井等地，羊八井地热田方圆 40 平方公里，冒出的一股股蒸汽雾，温度高达 92℃，使人难以靠近。把鸡蛋放入蒸汽孔内，5 分钟左右鸡蛋就熟透了。目前已建成的 3000 千瓦羊八井地热发电站，也已经成为拉萨的主要电源之一。除了较为常见的温泉、热泉、沸泉之外，还有冒气孔、喷气孔、沸泥泉、盐泉等罕见的地热资源。另外，还有云南腾冲地区的地热类型也十分丰富，腾冲县有热泉群达 79 处之多，尤以龙川江上游和大盈江两岸的地热资源最为丰富。此处不仅水热活动强烈，而且规模也十分宏大。

地热一般分为干热和湿热两大类。其中湿热类所指的是蕴藏在地下 2000 米以内岩层中的热水以及热蒸汽，或者是露出地表成为温泉的"湿地热"；而另一类干地热则是指火山岩体或变质岩体所积蓄的炽热能。这类热能储存在地壳深部约 3000～5000 米的高温岩石。

利用地热能，不仅有占地少、无废渣以及粉尘污染等优点，而且利用之后的弃水还可以进行综合利用，或者重新回注到地下储层，从而起到增加压力、保护储层、保护地热资源的双重目的。从可以直接利用地热规模方面来说，我们平时最常用的就是遍布世界各地的温泉浴场中的地热水淋浴了，这种方式对地热能的利用约占总利用量的 1/3 以上。其次，则是约占 20% 的地热水养殖和种植。除此之外，就是约占利用范围 13% 的地热采暖和仅占 2% 的地热能工业利用。

1990 年据美国地热资源委员会的调查，世界上已经有 18 个国家有地

热发电设备，而且总装机容量已经达到 5827.55 兆瓦，美国、意大利、日本、墨西哥、菲律宾、新西兰以及印尼等国家的装机容量甚至已经超过了 100 兆瓦。

由于传统的地热能源开发一般选在火山口附近，而火山口在地球上的分布远远少于地下热岩。所以，地下热岩为人们提供了一种既持久又环保，并且可以在地球上许多地方开发的绿色能源。

※ 地表可见的地热能

◎神奇的因纳明卡小镇

位于澳大利亚南部的因纳明卡小镇，四周到处都是沙漠。这个小镇上的常住人口只有 12 个，但是小镇每年却有 5 万多名左右的游客涌入，来感受小镇上的大洋洲内陆风情。由于这里的气候异常炎热，所以小镇为了给游客消暑，每年都要花费大约 25 万美元左右用于室内制冷。不过，后来因纳明卡小镇便由当地地下热岩的热能转化而来免费的电力供应了。那么这究竟是怎回事呢？

原来随着传统矿物能源的不断枯竭，以及这些能源在开发和利用的过程中会对环境所造成严重的污染问题。所以，人们开始关注并开发那些可再生的，并且无污染的太阳能、风能、水能等新能源。而近些年来，当地的人们又在地下发现了一种蕴藏量十分巨大的能源——地下热岩，地下热岩是一种没有水的热岩体，埋藏于距地表 2～6 千米的深处，是一种具有应用前景非常广阔的新型绿色能源。

但由于地下热岩的温度极高，约在 150℃～650℃ 之间，所以这也是一种非常特殊的地热资源。在传统的做法中，人们一般会选择在喷泉、温泉或火山附近打孔开发地热能源，然后在引出的热水管上接上阀门和涡轮机。但是在开发地下热岩资源的时候，人们所采用的却是增强型地热系统。这也就意味着，人们需要把孔深钻到地下大约 5 千米深的炽热的岩石层，然后再把冷水注入岩石之中。冷水再经过岩石的裂缝时被加热，并在压力的作用下从附近的其他井口喷出。由于水的温度极高，所以足以驱动涡轮机进行发电。

早在 20 世纪 70 年代，就已经有人曾提出过利用地下热岩发电的设

认识我们未来的能源

想。1972 年美国还曾在新墨西哥州的北部打了两口深达 4 千米的斜井，并从一口井中把冷水注入到热岩体里面，最后在从另一口井中取出由岩体加热之后所产生的蒸汽。这两口井开启了开发利用地下热岩的实验阶段。后来，法国建立了欧洲第一个 EGS 发电站，德国建立了欧洲第二个 EGS 发电站。美国能源部也与此同时宣布了要资助商业化 EGS 的开发研究计划。而这一技术的进一步研究和实施，也是继 1972 年美国在新墨西哥州实验阶段之后，进一步开展地下热岩能源的再次开发。

然而，即便是能够证实这些 EGS 发电站的运行与开发地下热岩能源的可行性，人们仍然需要面对成本效益的问题。而因纳明卡这个地下有一片 1000 平方千米的花岗岩层，且岩层不断地被地幔中释放出的热量加热，并且被库柏盆地覆盖，一直延伸到地下 10 千米深。而且其中地下热岩的温度可以达到 290℃。这也就使得因纳明卡小镇拥有了地球上面积最大、最浅且温度最高的非火山地下热岩区，这样的地质条件为架设在这里的地热发电机组提供了源源不断的动力，所以这个小镇被选为了最理想的 EGS 开发地。

由于因纳明卡小镇的开发能够大力推动澳大利亚能源开发与利用领域的巨大发展。所以不管是澳大利亚政府，还是一些商业开发公司，都在 EGS 的开发项目中投入了巨额的资金，而且他们也坚信这笔巨额的投资在未来必将给他们带来巨大的收益。因为按照当地的地质条件和热岩温度情况，以及开发的技术来看，因纳明卡小镇的地下热岩能预计将达到年产 5～10 兆瓦的电能，而这个数字几乎是目前澳大利亚电力需求量的 20% 左右。

虽然因纳明卡小镇的地下热能发电有很多的优点和便利之处，但是由于这个小镇距离国家电网系统足足有 500 千米的距离，所以，在建设输电线路势必会增加一定的投资成本。然而这一点小小的缺憾并没有影响到人们开发地下热岩能源的热情。从 2003 年起人们已经在这个小镇上钻探出了两口 4000 米深的地热井，并通过高压将冷水注入其中的一口井中。冷水穿过地下热岩之间的缝隙时会吸收大量的地热。到了 2008 年年初他们又再次进行了测试，从而证明水可以从注水井进入地下热岩，并在经过循环之后以一定的速度从出水井里面喷出，并能够释放足够的热量，驱动发电机。但是在这个过程中，水的流速是至关重要的，如果流速太慢的话，热量就不无法被充分地利用，从而造成能源浪费；如果流速太快的话，热量无法从周围的岩石中得到及时补充，则同样无法实现循环利用的目的。

世界上虽然还有气压可以被开发的地下热岩，但是像因纳明卡小镇这样具有如此得天独厚条件的却是寥寥无几。所以如何降低对地质条件的要求，才是目前工程师们所碰到的最大难题。但由于煤矿等能源的匮乏，人

们无论如何都要抓住像地下热岩这样的可再生能源。所以，他们对此仍然是充满信心的。然而因为 EGS 发电站目前还属于示范阶段，所以全世界的投资目光大部分都还集中在其他的发电本领上。所以，只有找到降低开发地下热岩的成本，才能够早日显现出地热能发电的优势来，这样 EGS 发电站也就将能够在世界的范围内得到更大地推广，从而缓解化石能源枯竭带来的能源危机了。

▶ 知识万花筒

·中国地热能的发展背景及现状·

从世界范围来看，利用温泉洗浴的历史已经有数千年了。但地热能才大规模用来发电、供暖和进行工农业利用，只在进入 20 世纪之后才正式开始的。1904 年，意大利拉得瑞多首次利用地热蒸汽发电成功。20 世纪 30 年代，较具规模的地热城市供暖才正式开始。地热利用的步伐在 70 年代初开始迅速发展。据统计，1975～1995 年的 20 年之间，全球范围内每年的地热发电大约都在以 9% 的速率在不断增长，而被直接利用的地热的增长率则只有 6% 左右。截止 1997 年年底，全世界地热发电总装机容量已高近 8021 兆瓦，而地热直接利用的总量也达到了 10438 兆瓦。

70 年代初，世界性石油能源危机出现，人们不得不开始寻找其他可替代的新能源。恰巧当时中国著名地质学家李四光教授也提出了要大力开发地热能源，建议人们将地球这个"庞大热库"中所蕴藏着的能量充分利用起来之一想法。于是，中国才正式开发利用地热能的能源。1970 年李四光教授亲自在天津主持召开了地矿系统动员开发利用地热资源大会，并由此在中国掀起一个地热普查、勘探和开发利用的热潮。但是由于缺乏相关的开发经验，再加上许多根本不具备高温地热资源的省区也都热衷于地热发电项目，所以当时在广东丰顺、江西宜春、湖南灰汤、河北怀来、辽宁熊岳等地，利用 67℃～92℃ 的地下热水所建立的一批装机容量仅有 50～300 千瓦的"试验性"地热电站，在开始不久之后，大多数地热电站便因为效率太低而纷纷下马了。只有 1970 年 10 月始建于广东丰顺的中国第 1 座试验性地热电站以及湖南灰汤的电站目前仍在运行之中。但与此相反的是，西藏自治区由于化石能源短缺，而高温地热资源却相当丰富，所以从 70 年代初，即开展了距拉萨仅有 90 千米的羊八井地热田的勘探开发工作。1977 年 9 月该地区建成了一座 1 兆瓦的 1 号试验机组，并正式投产发电。后来这座羊八井地热能电站又几经扩建，日前，这座地热电站的总装机容量已经达到了 25.18 兆瓦，夏冬两季的发电量也分别占拉萨电网的 40% 和 60%。由此可见，羊八井地热电站装机容量虽然不大，但是却为拉萨地区的电力供应提供了很大的帮助。

▌拓展思考▐

1. 什么是地热能？
2. 为什么说地热能是绿色环保的能源呢？

认识我们未来的能源

地热能有哪些作用

Di Re Neng You Na Xie Zuo Yong

作为新能源大家族中的一员，地热能与太阳能、风能、生物质能一样，除个别国家外，目前在整个能源结构中的地位微乎其微。但新能源作为一种正在大力探索中的能源，若将太阳能、风能、潮汐能与地热能加以比较，则不难看出，地热目前仍是新能源大家族中最为现实的能源。人类很早以前就开始利用地热能，例如利用温泉沐浴、医疗，或者利用地下热水取暖、建造农作物温室、水产养殖及烘干谷物等。但人们真正地认识到地

※ 地热能形成的温泉

热资源的好处，并对地热能进行较大规模的开发和利用却是从 20 世纪中期才正式开始的。

目前蕴含在大地深处的地热能被直接利用、发展的速度异常迅速，不仅已经广泛地应用于洗浴、土壤加温、水产养殖、医疗、工业加工、农田灌溉、农业温室、民用采暖以及空调、畜禽饲养等诸多方面，而且还通过这些项目收到了比较良好的经济技术效益，为人们节约了大量的能源。在对地热能直接利用方面的技术要求并不高，而且所需设备也比较简易。在直接利用地热的系统中，尽管有时地热流中的盐和泥沙的含量极低，甚至可以对地热进行直接利用，但通常情况下都是用泵将地热流抽上来，通过热交换器变成热气和热液后再使用。而这些系统其实都是最简单的，使用的也都是一些比较常规的现成部件。

在地热能的直接利用中，几乎所用的热源温度都能够达到 40℃以上。而事实上，如果像美国、法国、加拿大、瑞典及其他国家那样利用热泵技

137

术的话，即便是热源温度只有 20℃ 甚至是低于 20℃，也是同样可以被当作一种热源来使用的。热泵的工作原理其实与我们平时家用的电冰箱是相同的，只不过电冰箱属于单向输热泵，而地热热泵则是能够双向输热的。冬季的时候，地泵从地球内部提取热量，然后将这些热能提供给住宅或者大楼；而到了夏季，它又从住宅或者大楼提取出热量，然后又提供给地球蓄存起来。

但不管是哪一种循环系统，水都是经过加热之后并蓄存起来的，相当于发挥了一个独立热水加热器的全部或者部分的功能。因为电流只能用来传热，而无法产生热能，所以地热泵能够提供比自身所需要消耗的能量要高出 3～4 倍的能量，它可以在很宽的地球温度范围内进行使用。目前，美国的地热泵系统每年正在以 20％ 的增长速度在飞速发展，而且预计未来的一段时间，还将以两位数的良好增长势头继续发展。

在地热能的利用过程中，主要在以下四方面起到重要作用。

1. 地热发电

地热发电是地热利用中最重要的方式之一。所以，高温地热流体首先就应当应用于发电系统。实际上地热发电和火力发电的原理都是一样的，它们都是利用蒸汽的热能在汽轮机中转变为机械能，然后在带动发电机进行发电。它们之间唯一有所不同的就是，地热发电不需要火力发电时那样需要备有庞大的锅炉，也不需要消耗任何燃料，它唯一所需要用到的能源就是无穷无尽的地热能。地热发电的过程，就是把地下热能首先转变为机械能，然后再把机械能转变为电能的过程。要利用地下热能，首先需要有"载热体"把地下的热能带到地面上来。目前，地下的天然蒸汽和热水是能够被地热电站利用的主要载热体。按照载热体类型、温度、压力和其他特性的不同，地热发电还可以划分为蒸汽型地热发电和热水型地热发电两种类型。

2. 地热供暖

除了地热发电的地热利用方式之外，地热能还可以直接用于采暖、供热以及供热水，这也是仅次于地热能发电的能量。而且这种地热能利用方式十分简单、经济性好，所以备受各国重视，特别是对于那些位于高寒地区的西方国家来说，目前冰岛的开发利用就称得上是极具潜力了。早在 1928 年冰岛就在首都雷克雅未克建成了世界上第一个地热供热系统，现如今这一供热系统每小时可从地下抽取 7740 吨 80℃ 的热水，供全市 11 万居民使用，已经称得上发展得非常完善了。由于地热能的利用，冰岛首都如今已经没有了高耸的烟囱，并被誉为"世界上最清洁无烟的城市"。此外利用地热给工厂供热，如用作干燥谷物和食品的热源，用作硅藻土生

产、造纸、制革、酿酒、制糖、木材、纺织等生产过程的热源，也是具有极大的发展前景的。目前冰岛的硅藻土厂和新西兰的纸浆加工厂也是世界上最大的两家地热应用工厂。

3. 地热务农

地热不仅可以用于发电和供暖，在农业中的应用范围也是相当广阔的。比如农民利用温度适宜的地热水来灌溉农田，就可以使农作物有早熟、增产的作用；如果利用 28℃ 的地热水来进行养殖鱼类，那么在合适的水温下也可加速鱼的育肥，提高鱼的出产率；利用地热给沼气池加温，提高沼气的产量等；利用地热建造温室还能用来种菜、养花、育秧。在中国，目前已经广泛地将地热能直接用于农业，中国的很多地区也都建有面积大小不等的地热温室。

4. 地热行医

除了以上几种主要的利用方式之外，由于地热水从很深的地下提取到地面，除温度较高外，常含有一些特殊的化学元素，从而使它具有一定的医疗效果。所以，在医疗领域中，地热的应用也有相当诱人的前景。例如含碳酸的矿泉水供饮用，可调节胃酸、平衡人体酸碱度；含铁矿泉水饮用后，可治疗缺铁贫血症；氢泉、硫水氢泉洗浴可治疗神经衰弱和关节炎、皮肤病等。

目前热矿水就被视为是一种十分宝贵的资源，世界各国都对此非常珍惜。由于温泉的特殊医疗作用以及伴随温泉出现的特殊的地质、地貌条件，使得温泉常常成为旅游胜地，并吸引了成批的疗养者和旅游者。据统计，仅在日本就有 1500 多个利用地热能的温泉疗养院，这种神奇的疗养手段每年都能够吸引近 1 亿人到这里进行休养。中国虽然在地热能利用方面的成果没有其他国家显著，但是利用地热治疗疾病的历史也堪称悠久，而且也拥有众多含有各种矿物元素的温泉，所以如果能充分地发挥地热的行医作用，或者大力发展温泉疗养行业，那么相信中国在地热能开发方面也是大有可为的。

未来随着与地热利用有关的技术的不断被推动和发展，一定会使更多的人们能够更加精确地查明更多的地热资源，从而钻出更深的钻井，将更多的地热从地层深处取出来，而地热利用也必将会进入一个发展速度更快的阶段。

·地热能的效益如何？·

从长远的角度来看，对蕴含量庞大的地热能进行开发和利用，无疑能够在社会、经济以及环境等方面都收获一定的效益。目前，许多地热资源丰富且开发利用好的国家，如美国、日本、意大利、冰岛、新西兰及印尼、菲律宾等，其地热在整个国民经济中已起到一定作用。例如冰岛，其首都雷克雅未克及其他几个声调供暖全部地热，仅此一项每年可节省 1.3 亿美元（与燃油供暖相比）。又如1998 年地热在菲律宾电力供应中已占 19%，且还在继续增长，其效益显著。中国地热发电装机容量虽小，但羊八井地热电站年发电量超过 1 亿千瓦·时，在解决拉萨供电方面起着很大作用，基本上解决了工、农、牧业和人民生活日益增长的用电要求；另一方面，地热能的开发利用在消灭无电县方面也能起到举足轻重的作用。

拓展思考

1. 你知道地热有哪些优点吗？
2. 你知道地热有什么作用吗？
3. 地热通常被用在什么地方？

认识我们未来的能源

地热能发电的利与弊

Di Re Neng Fa Dian De Li Yu Bi

地热发电是一种能够利用地下热水和蒸汽作为动力源，并以此来进行发电的一种的新型发电技术。虽然地热发电的基本原理与火力发电类似，但是地热能却比火力发电要环保的多，而且在耗能方面也占有很大的优势。

当今全人类所共同面临的一个难题就是解决环境污染和能源危机的问题。在中国的诸多能源消耗之中，建筑类的能源消耗比例是比较高的。中国北方传统的空调系统，一般都是以燃煤锅炉来解决冬季取暖问题的，南方则以自来水或者环境空气为冷源的制冷机组解决夏季的制冷问题。根据近年来的统计得知，中国的

※ 地热能

采暖和空调等能耗约占建筑总能耗的55％左右，建筑能耗是相同气候条件下其他发达国家的2～3倍左右。为此建设部提出，中国未来新建建筑必须全面执行节能标准，至少要将建筑能耗减少一半左右。近年来，由于空调负荷的增长异常迅速，在炎夏的季节，多数电网高峰负荷约有1/3都是用于空调制冷的，这种现象使许多地区的用电高度紧张，甚至频繁出现拉闸限电的情况。目前中国房间空调器和单元式空调机的产量已居世界第一位，而中国建筑业的发展也是十分迅速的，每年城市都会新增8～9亿平方米的公共建筑和住宅建筑，而且随着经济发展和人民生活水平的提高，建筑耗能可能还会逐年出现大幅度上升的现象。面对这种情况，如果不能加以控制，那么中国未来的电力消耗将是十分惊人的。

◎地热发电系统

地热蒸汽发电系统

地热蒸汽发电可以分为一次蒸汽法和二次蒸汽法两种类型。

一次蒸汽法指的是直接利用地下的干饱和或者稍具过热度的蒸汽，或者是利用从汽、水混合物中分离出来的蒸汽进行发电。

二次蒸汽法则有两种含义：第一种含义是不直接利用比较脏的天然蒸汽，也就是一次蒸汽，而是让它通过换热器汽化洁净水，然后再利用洁净的地热蒸汽进行发电。第二种含义则是从第一次汽水分离出来的高温热水进行减压扩容，从而生产出二次蒸汽，压力仍需高于当地大气的压力，然后和一次蒸汽分别进入汽轮机进行发电。因为按常规发电方法的话，地热水中的水是不能直接送入汽轮机去进行做功的，所以必须以蒸汽状态输入汽轮机才能进行做功。

利用地热蒸汽推动汽轮机运转，产生电能。这种系统技术成熟、运行安全可靠，是地热发电的主要形式。西藏羊八井地热电站采用的便是这种形式。

中间介质法

目前对于那些温度低于100℃的非饱和态的地下热水，有两种可以进行发电的方法：一是减压扩容法。这种方法是利用抽真空装置，使进入扩容器的地下热水减压汽化，从而产生低于当地大气压力的扩容蒸汽。然后再将汽和水进行分离、排水、输汽充入汽轮机等进行做功，这种系统也就是我们平时经常会听到一个名词——"闪蒸系统"。由于低压蒸汽的比容很大，所以使汽轮机的单机容量受到很大的限制，但可以肯定的是运行过程中是比较安全的。采用双循环系统即利用地下热水间接加热某些"低沸点物质"来推动汽轮机做功的发电方式。如在常压下水的沸点为与100℃，而有些物质如氯乙烷和氟利昂在常压下的沸点温度分别为12.4℃及−29.8℃，这些物质被称为"低沸点物质"。二是利用像氯乙烷、正丁烷、异丁烷和氟利昂等低沸点的物质，作为发电的中间工质，地下热水通过换热器加热，使低沸点物质迅速气化，利用所产生气体进入发电机做功，做功后的工质从汽轮机排入凝汽器，并在其中经冷却系统降温，又重新凝结成液态工质后再循环使用。这种地热发电的方法叫做"中间工质法"。这种系统也被称做"双流系统"或者"双工质发电系统"。这种发电

认识我们未来的能源

方式的安全性较差，一旦发电系统的封闭稍有泄漏，工质逸出后就很容易发生事故。根据这些物质在低温下沸腾的特性，可将它们作为中间介质进行地下热水发电。利用"中间介质"发电万法，既可以用100℃以上的地下热水（汽），也可以用100℃以下的地下热水。对于温度较低的地下热水来说，采用"降压扩容法"效率较低，而且在技术上存在一定困难，而利用"中间介质法"则较为合适。

这两种方法都有它们各自的优缺点。地热发电目前仍是一个新的课题，其发电的方法仍在不断探索中。地下热水往往含有大量的腐蚀性气体，其中危害性最大的是硫化氢、二氧化碳、氧等，它们是导致腐蚀的主要因素，这些气体进入汽轮机、附属设备和管道，使其受到强烈的腐蚀。此外，地下热水中含有结垢的成分，如硅、钙、镁、铁等，以及对结垢有影响的气体，如二氧化碳、氧和硫化氢等，产生的结垢经常以碳酸钙、二氧化硅等化合物出现。因此，在利用地下热水发电中要充分注意解决腐蚀和结垢问题。

目前许多国家为了提高地热利用率，而采用梯级开发和综合利用的办法，如热电联产联供、热电冷三联产、先供暖后养殖等。近年来，国外一些国家也对地热能的非电力利用，也就是直接利用十分重视。因为进行地热发电，不仅热效率低，而且对温度的要求比较高。之所以说热效率低，是因为地热类型的不同，所以需要采用的汽轮机类型也就不同，而且热效率一般只有6.4%~18.6%，所以大部分的热量其实并没有得到很好的利用而是被白白地消耗掉了。所谓温度要求高，则是说利用地热能发电的时候对地下热水或者蒸汽的温度要求比较高，一般情况下至少需要在150℃以上才可以，否则就有可能会严重地影响其经济性。而如果地热能的直接利用，不但能量的损耗要小得多，而且对地下热水的温度要求也相对较低，从15℃~180℃这样的温度范围均可以被充分利用。另外，在全部的地热资源中，这类中、低温地热资源的蕴含量也是十分丰富的，远比高温地热资源要大得多。但是，由于地热能的直接利用也有一定的局限性，而且受载热介质—热水输送距离的制约，所以一般情况下，热源是不能离需要用热的城镇或者居民点过远的，否则就会出现损耗大、投资多等问题，并导致其经济性大幅下降，而这显然是划不来的。

中国高温地热资源主要分布在滇、藏、川西一带（喜马拉雅地热带或滇藏地热带）及台湾。据中国能源研究会地热专业委员会1999年最新资源，在喜马拉雅地热带有高温地热系统255处，总发电潜力为5800兆瓦/30年。1999年，廖志杰、赵平等人给出西藏地区高温地热资源的发电潜力为1930.11兆瓦/30年。滇、藏、川西地区合计为2781.25兆瓦/30年。

对于利用地热能发电来说，如果地热资源的温度足够高的话，利用它的最好方式仍然是用来发电。大量的地热能所发出的电既以可供给公共电网，也可为当地的工业加工提供一定的动力。而且如果没有意外的话它主要是被用于基本负荷发电的，只有在特殊的情况下，才会用于峰值负荷发电。之所以这样说，首先是因为对峰值负荷的控制比较困难，其次则是容器的结垢和腐蚀问题。因为一旦容器和涡轮机内的液体不满，让空气有机会进入，那么就有可能会出现结垢或者腐蚀等问题。所以，利用地热能发现所需要注意的事项还是有待进一步的研究和提高的。

知识万花筒

·中国地热能资源利用概况·

地热能是蕴藏于地球深处的热能。按照现有开发技术的可能性，地热能资源的范围一般指在地壳表层以下5000米以内岩石和地热流体所含的热量。

中国是以中低温为主的地热资源大国，全国地热资源潜力接近全球的8％。中国地热资源遍布全国各地。据估算中国深度2000米以内的地热资源所含的热能相当于2500万亿吨标准煤，初步估计可以开发其中的500亿吨。中国地热资源主要分三类：

1. 高温对流型地热资源，主要分布在滇藏及台湾地区，其中适用于发电的高温地热资源较少，主要分布在藏南、川西、滇西地区，可装机潜力约为600万千瓦；

2. 中低温对流型地热资源，主要分布在东南沿海地区包括广东、海南、广西，以及江西、湖南和浙江等地；

3. 中低温传导型地热资源，主要埋藏在华北、松辽、苏北、四川、鄂尔多斯等地的大中型沉积盆地之中。

拓展思考

1. 地热能是怎样发电的？
2. 热水型地热发电的原理是什么？
3. 地热发电和化石燃料发电有何区别？

地热是怎样供暖的

Di Re Shi Zen Yang Gong Nuan De

地源热泵也称作地热空调技术，它是利用地球表面浅层的地下水、土壤或地表水等，也就是小于 400 米深的地热资源作为冷热源来进行能量之间的转换的一种既可供热、又可制冷的高效节能空调系统。地源热泵是通过输入少量的高品位能源，实现低温位热能向高温位转移的一种先进技术。

地能在冬季和夏季分别作为热泵供暖的热源和空调的冷源。也就是说在冬季，把地能中的热量"取"出来，提高温度之后，再供给室内采暖；而到了夏季，则把室内的热量取出来，释放到地能中去。热泵机组的能量流动，其实是利用其所消耗的能量将吸取的全部热能，也就是电能和吸收的热能一起排输至高温热源。

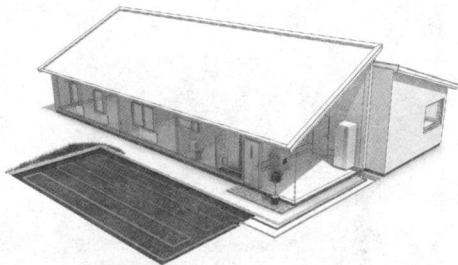

※ 地热供暖

在中国的北方地区，冬季采暖是城镇居民的基本生活需求。自从新中国成立以来，供热事业的发展就在提高人民生活水平、发展经济以及改善环境等多方面发挥了重要作用。但随着时间的积累，长期形成的职工家庭用热、职工单位交费的福利供热制度积累的矛盾和问题就慢慢浮现出来了，尤其是能耗高、浪费大、设施老化、收费难、环境污染等都严重影响了城镇供热事业的健康和发展。

供暖可谓是当前社会上最大也是最难解决的民生问题，寒冷不仅考验着人们的耐寒程度，也考验着政府的行政能力。特别是对于那些供暖城市边缘地区和偏远农村来说，即便是安装了城市供暖管网，也会因为供暖距离造成的能源损耗等问题而无疾而终。那么，在这种情况下，究竟该如何去探寻一种"低碳时代"下的供暖模式呢？有关的专家曾建议，应该采用地源热泵，因为地源热泵不仅是一种利用地下浅层地热资源，而且是既可供热又可制冷的高效节能的空调系统，并且还能广泛地应用于公共建筑、

商业楼宇、住宅公寓、医院、学校等建筑物中。"地热"采暖还有一个最大的好处就是环保，没有氮氧化物、二氧化硫和烟尘的排放，无污染。循环使用相对恒温的地下水这种"绿色空调"来进行采暖，这样不仅能够减少能耗，而且可以实现节能减排的目标。

◎地暖的优缺点

1. 室温调节方便

地热分水器中的每一个环路都配置了各自的控制阀门，没人的房间可以关掉，每个房间可以按各自所需的室温，调节流量，做到最大限度节省能源和开支。

2. 高效节能

地热供暖热量集中在人体受益的高度，热效率高；热媒低温输送，整个输送过程热损失小，比传统空调节能 25％左右，比传统散热器节能 30％以上。地热供暖的热能利用充分，80％以上的热能都散布在人体活动的空间。

3. 节省空间

地热是铺在地下的，隐蔽安装，被地板和磁砖遮住了，有利于屋内装修和家具布置，增加 2% 至 3% 的室内使用面积，不会影响居室美观；而传统的暖气片及其支管，会占用室内的空间，也会破坏墙面的美观。

4. 热稳定性好

由于地面层及蓄热层蓄热量大，因此在间歇供暖的条件下室内温度变化缓慢，热稳定性好。

5. 隔音环保

表面温度低，不会导致室内气流的急剧流动和灰尘飞扬，减少空气中的水分蒸发，空气对流减弱，有较好的空气洁净度，减少墙面、物品和空气污染，并可消除热设备和管道积尘面挥发的异味，从而改善了卫生条件；楼层地面铺设有保温隔热层，减少了楼层噪声。

6. 寿命长，免维修

地热采用的塑料盘管使用寿命很长，管道系统中无接头，不会产生渗漏，免除挖开地面维修的烦恼。如正常使用无人为破坏，供暖系统使用寿命长达 50 年以上。

7. 舒适保健

传统的供暖方式上热下凉，用久了会口干舌燥。而用地热方式供暖，室内地表温度均匀，室内温度由下而上逐渐递减，给人以脚暖头凉的良好感觉，舒适度高。(俗话说"寒从脚生"，而地热供暖恰恰是让温暖从脚下开始传遍全身。据有关专家介绍，地热采暖不仅符合空气流动规律，还迎合了人体的生理特征。一般传统式采暖装置散发出的热量都散发在空气中，往往是天花板的温度高于地面附近的温度。这种上高下低的温度梯度，正好与人相适应的舒适要求相反，而地热低温辐射，符合人的舒适感。地面温度高，头部温度低，给人脚暖头凉的舒适感，也符合中医的理论"温足凉顶"。)

地暖采暖（水地暖）由下而上均匀地进行散热，符合"温足顶凉"的人体工学，由于它具有舒适、健康、节能等一系列优点，所以很快为人们所接受，并成为国家建设部重点推荐项目，地暖在韩国、日本以及欧美等地使用非常广泛，在国内地区地暖也开始自北向南迅速发展和普及。

◎地暖的缺点：

大面积采用地暖的缺点如下：

1. 无法供应生活热水（如洗澡、做饭等）；

2. 需要单独的电地暖专业电路分布系统；

3. 温控器无法感知大面积的准确温度（温控器上的感温探头只有三米长，也就是说在 3 米的范围内温度可以精确控制）；

4. 对电压的要求比较高，如果你家是 250 平方米左右，电地暖系统大约需要 2.7 万兆瓦的电压，主线承载电阻需要 16 平米以上的动力线。

利用地热开发出的地暖产品，作为一种新型的节能供热方式，如今已经越来越受到人们的关注。地暖供热使用的是温度不超过 60℃ 的热水，在埋置于地板下的盘管系统内循环流动，从而加热整个地板，通过地面均匀地向室内辐射散热的一种先进且合理的供暖方式。

地暖的供热原理和东北地区的火炕十分相似，北京的人民大会堂也很早就用铜管作为地暖来进行温度调节了。20 世纪 30 年代的时候，著名的美国建筑设计大师莱特先生就在其设计的大量建筑作品中都采用了地板辐射采暖的方式，这一做法虽然极大地推动了地板采暖在现实中的应用。但由于当时只能采用铜管作为加热盘管，所以所需的代价实在是太高昂了，而且使用地暖可能会引起腐蚀渗漏的维护成本也相对较高，这些因素都使地板辐射采暖的应用受到了很大的限制。

直到 20 世纪 60 年代末，耐高温、耐高压、易弯曲、抗老化的塑料管材才正式进入了实际应用中，这种使用受限的状况也才得到改观。这种拥有价格便宜、管内壁不易结垢、地面下埋管无接口、使用寿命长等诸多优点的塑料管材的出现，很大程度地促进了地板辐射采暖技术的推广和应用。

地板采暖不仅对技术含量方面的要求非常高，而且施工的标准和要求也相对较高，而且任何一个环节的疏忽，都有可能会降低地暖系统的应用效果，而且还有可能会带来非常严重的事故。根据多年以来的地暖安装经验和用户的使用反馈，目前在地暖的安装方面已经有了较为合理、安全的施工规范。而也只有有效地规范地暖施工的秩序，才能让更多用户都能够尽情地享受地暖所带来的舒适和方便，并为社会节约更多的能量！

拓展思考

1. 地热是怎样供暖的？

2. 地热供暖有哪些优点？

3. 使用地热供暖应该注意那些问题？

人造地热能

Ren Zao Di Re Neng

人造地热能是人类为了解决造成全球暖化的污染问题，以及对于干净能源的大量需求而逐渐成为 21 世纪能源的一种新方法。这个概念在 70 年代的时候就已经被提出了，但由于地热分布地区极为受限，所以一直没有受到人们的重视。于是，便有人提出了采用深度钻孔技术，也就是于任何地方钻至靠近地底熔岩附近 300℃ 以上的区域，至少钻两口井，一口井用来注入热水，另外一口井则用来收回地热蒸气发电，如果成本允许的话，还可以钻更多的回收井以减少散失蒸汽，从而起到增加发电量的作用。

虽然人造地热能的原理并不复杂，但是由于这种方法所需的井必须深达 5 千米以上，而且又要通过许多坚硬的花岗岩地壳，如果用传统冲钻法，可能会磨损数百具高价钻头，其成本太高，而且地底的状况又难以掌握，还有可能会钻出水汽无法流通的废井。

地热能是来自地球内部的熔岩，它是由地壳抽取的

※ 你知道什么是人造的地热能吗？

一种天然热能。地热能通常都是以热力形式存在的，是引致火山爆发以及地震的能量之一。我们都知道地球内部的温度高达 7000℃，而在 80～100 千米的深度处，温度则会降至 650℃～1200℃。热力透过地下水的流动和熔岩涌至离地面 1～5 千米的地壳后得以被转送至较为接近地面的地方。熔岩的温度将附近的地下水加热，而这些被加热的水最终又会渗出地面。最简单且能够最大效用地运用地热能的方法，就是寻找到一种能够直接取用这些热源的方法，并抽取其蕴含的能量。

地热能起源于地球的熔岩浆和放射性物质的衰变，它是来自地球深处

的一种可再生热能，地热能的储量比人们现在所利用的总量还要多许多倍，而且大致都集中分布在构造板块边缘一带，该区域通常都是火山和地震多发区。地热能目前在世界上的很多地区都已经有了相当广泛的应用。

◎人造地热能

目前随着新兴的水热钻机、电浆钻机等科技概念的提出，未来的钻井成本有望得到大幅下降，而到了那时，地热能就可以不受位置和气候的影响，24小时都能够提供稳定的基载电量，而且在建设时间、建设成本以及大众疑虑等方面也比核能更为理想，所以地热能在未来是最有望成为最具竞争力的绿色能源以及全球暖化解救方案的头号功臣。

我们所居住的地球就像是一个巨大的热水瓶，外面是凉的，越往里面温度就越高。所以来自地球内部的热能，被人们叫做地热能。地球需要将它内部的热能源源不断地输送到地面，于是就有了火山爆发和温泉等现象。人们所热衷的温泉浴，就是人类早期开始利用的一种地热能。不过，地热能还属于一种新能源，目前对它大规模的开发利用还处于初始阶段。

在地球深处，距离地面大约25～50千米的地方，温度有200℃～1000℃；若深度达到距离地面6370千米，也就是地心深处时，温度就要高达4500℃。

按照世界动力消耗的速度，如果完全只消耗地下热能，据估算，即使使用4100万年后，地球的温度也只会降低1℃。由此可以看出，在地球内部所蕴藏的热能是多么丰富。地球温度的分布是很规律的，一般情况下，在地壳最外层的十几千米范围内，深度每增加30米，温度大约会升高1℃；在地下15～25千米的范围内，深度每增加100米，温度就会上升大约1.5℃；25千米以下的区域，深度每增加100米，温度只上升0.8℃；以后再深入到一定深度的时候，温度就会保持不变了。

地球深层为什么会储存着如此之多的热能呢？这些热能又是从哪里来的呢？对于这个问题，目前还处于探索阶段。然而大多数的学者都认为，这是由于地球内部放射性物质自然发生蜕变而产生的结果。由于地球的内部在发生核反应的过程中，释放出了大量的热能，再加上天长日久都处于封闭、隔断的地层中，在经过逐渐积聚，最终也就形成了现在的地热能。然而值得指出的一点是，地热资源是一种可以不断再生的能源，只要在采集的时候不超过地热资源的开发强度，那么它都是可以自行进行补充并再次生成的。

认识我们未来的能源

·热资源的分类·

通常，人们将地热资源分为水热资源、地压资源、干热岩、熔岩四类：

1. 储存在地下蓄水层的大量地热资源，就是水热资源。它包括地热蒸汽和地热水。地热蒸汽虽然容易开发利用，但它的含量却很少，已探明的地热资源中，仅占总量的 0.5％。而地热水的储量较大，约占已探明地热资源的 10％左右，其温度范围从接近室温到 390℃的高温。

2. 地压资源是存在于大河入海处的新近纪滨海盆地碎屑沉积物中的地热资源。它是处于地层深处沉积岩中的含有甲烷的高盐分热水。由于上部的岩石覆盖层把热能封闭起来，使热水的压力超过水的静压力，温度约为 150℃～260℃之间，地压资源的储量占目前已探明的地热资源总量的 20％左右。

3. 干热岩是地层深处温度为 150℃～650℃左右的热岩层，它所储存的热能约为已探明的地热资源总量的 30％。

4. 熔岩是埋藏部位最深的一种完全熔化的热熔岩，温度高达 650℃～1200℃之间。熔岩储藏的热能比其他几种地热资源都要高一些，约占已探明地热资源总量的 40％左右。

截止目前为止，人类对地热资源的利用，大部分都是对水热资源的开发。近年来，也有一些国家开始对干热岩的进行开发研究和试验，开凿人造热泉就是干热岩的具体应用之一。而对地压资源和熔岩资源的开发，目前尚还处于探索阶段。

地热在世界各地的分布都是十分广泛的。美国阿拉斯加有一个非常有名气的"万烟谷"，它在 24 平方千米的范围内，有数万个天然蒸汽和热水的喷孔，喷出的热水和蒸汽最低温度为 97℃，高温蒸汽达 645℃，是世界上非常有名的一个地热集中地。万烟谷每秒钟可以喷出约 2300 万立方分米左右的热水和蒸汽，它每年从地球内部带往地面上的热能加在一起就相当于 600 万吨标准煤燃烧之后产生的能量。约有近 70 个地热田和 1000 多个温泉，新西兰也是一个温泉类型众多的国家，那里的温泉有的温度可达 200℃～300℃；也有时断时续的间歇喷泉；还有沸腾的泥浆地。

有人曾做过一个估算，如果把全世界所有的火山爆发和地震所释放的能量加在一起，地下热水和地热蒸汽储存的热能总量，就相当于地球上全部储藏能源的 1.7 亿倍。目前，在地下三公里内所蕴含的可开采地热能，就相当于 2.9 万亿吨煤燃烧时所释放的全部热量。由此可见，地热能的开发与利用在未来是有着极其广阔的前景的。

如果从 1904 年意大利建成世界第一座地热发电站算起的话，人类对地热能的开发与利用到目前已有 100 多年的历史了。但是只有近三四十年

来，地热能的开发和利用才逐渐引起了世界各国的普遍注意和重视。据不完全统计，世界上现今至少有 120 个以上的国家和地区已经发现并打出地热泉与地热井 7500 多处，而这些都能够使地热能的开发和利用得到不断地扩大。美国一所大学有三口深 600 米的地热水井，水温为 89℃，可为总面积达 4.6 万多平方米的校舍供暖，每年节约暖气费 25 万美元。

目前人类对地热能的利用，主要是用在采暖、发电、温室栽培、洗浴、育种等方面。美国、日本、意大利、独联体、冰岛等许多国家目前也都建成了不同规模的地热电站，总计约有 150 座左右，装机总容量达 320 万千瓦。另外，地热能在工业方面，还可以用于加热、干燥、制冷以及冷藏、淡化海水、脱水加工以及提取化学元素等方面；在医疗卫生方面，地热能目前也已经是小有名气了。

由于天然形成热泉实属罕见，数量较少，而且也不是各地都有形成的条件，所以在一些不可能产生天然热泉的地区，人们就可以通过利用广泛分布的干热岩型地热能人工造出地下热泉来。人造热泉是在干热岩型的热岩层上开凿而成的，世界上最早的人造热泉井深达 3000 米，热岩层的温度为 200℃，是美国在新墨西哥州北部地区开凿的。如今，美国还建造了发电量为 5 万千瓦热泉热电厂。另外，还在洛斯阿拉莫斯国立实验所钻了两眼深 4389 米的地热井，先把水泵入井内，12 小时后再把水抽上来，这时的水温已高达 375℃。目前，美国地热发电站的装机容量已高达 930 万千瓦，而且每年的增长速度仍然相当可观，预计到 2020 年的时候，有望突破 3180 万千瓦。

随着科学的发展，人们现在已经开始在岩浆体导热源周围建立了人工热能存积层，并准备以此开发利用热源蒸汽的高温岩体来进行发电。预计到本世纪末的时候，世界地热发电的总能力甚至可以突破 1 亿千瓦。

| 拓展思考 |

1. 人造地热能是什么？
2. 人造地热能有什么特点？
3. 人造地热能为人类带来什么？